METALLIC MOLD ENGINEERING

알기 쉬운

METALLIC MOLD ENGINEERING

알기 쉬운
금형

요시다히로미 지음

원시태·유종근 옮김

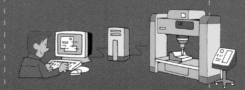

교문사

청문각이 **교문사**로 새롭게 태어납니다.

역자 서문

　1980년대 초에 한국의 제조 산업 현장과 정부에서 금형의 중요성과 역할이 인식되면서, 금형인력의 양성을 위하여 4년제 국립대학인 서울 과학기술대학교에 처음 금형설계학과가 정식으로 개설되었던 1984년에 교수로 부임하여 금형교육의 일선에서 전념한 지 벌써 34년의 세월이 흘렀습니다.

　금형설계학과 개설 당시에는 국내 금형기업의 규모나 현황도 제대로 파악되지 않은 상황이었고, 금형교육을 위한 전문도서도 대부분 미국이나 일본의 도서로, 번역에 의한 교육을 하였던 기억이 납니다. 이후 발전을 거듭하여 국내 금형관련 교육기관이 확대되고 한글로 출판된 금형전문 서적과 교재를 많이 볼 수 있었습니다.

　그러나 금형설계학과 개설 당시에도 그러하였지만 "금형"이란 용어는 일반인 뿐만 아니라 대학의 금형분야 학과에 진학을 희망하는 고등학생들과 금형관련 대학에 입학한 신입생, 금형기업체에 입사한 금형 비전문가 신입사원들에게는 여전히 생소한 용어로 느끼고 있어 "금형"의 정의와 역할을 손쉽게 이해하고 설명할 수 있는 교재가 필요할 것으로 항상 생각하고 있었습니다.

　이런 고민을 하던 중, 우리 학과와 1987년부터 산학협력교류를 하고 있는 일본의 오가끼세이꼬(주)에서 일본의 일간공업사에서 출판한 "알기쉬운 금형책"의 도서를 신입사원용 금형 교육자료로 활용하고 있음을 알게 되었고, 이 도서의 구성과 내용이 금형 입문자에게 매우 손쉽게 이해할 수 있는 도서임을 알 수 있었습니다. 이에 일본 금형공업회 회장직을 역임하신 오가끼세이꼬(주)의 우에다 가쯔히로 사장님의 도움으로 이 책을 한글 번역판으로 출판하게 되었고, 이 자리를 빌

려 감사의 말씀을 드립니다. 또한 이 번역서가 금형에 관심이 있는 많은 분들에게 금형의 개념을 이해하고 활용할 수 있도록 많은 도움이 되었으면 합니다.

마지막으로 이 책의 출판을 위해 함께 고생하신 유종근 뉴테크 대표님과 번역서 출판과정에 있어 많은 사정이 있었지만 출판을 흔쾌히 수락하여 주신 청문각 출판사 사장님과 관계자 분께도 감사의 말씀을 전합니다.

2018년 9월
역자 대표 원시태

금형은 현재의 공업을 지탱하고 있는 매우 중요한 것이다. 본문에서도 상세히 설명하지만, 금형이 없어서는 자동차도, 텔레비전도 만들 수 없다. 예를 들면 생산된 제품의 가격이 수십 배에서 수백 배의 차이가 나고, 품질도 불안정하게 될 것이다. 이와 같이 중요한 금형이지만, 일반 사람이 금형을 알 기회는 적고, 본 적이 없는 사람도 많이 있다고 생각한다. 학교에서도 거의 가르치지 않고, 공부를 한 사람도 거의 없다. 금형관련 전문서적은 일반 서점에서 볼 수 없고 개인적으로 공부하는 것도 쉽지 않다.

금형제작 기술 향상에 세계적으로 많은 나라들이 공을 들이고 있지만, 일본은 정부와 교육기관에서도 금형을 중요하게 여기지 않았다. 이 때문에 일본의 금형기술은 대부분 중소기업을 중심으로 하는 기업의 노력으로 진보하여 세계 최고의 수준을 유지하고 있다.

금형은 수요측(需要側)의 산업을 지탱할 뿐만 아니라 금형과 그 기술도 수출하고 있다. 해외에서 금형을 지도하고 있는 사람도 많아지고, 반대로 일본으로 금형을 공부하러 오는 사람도 있다.

지금까지 금형제작은 기업마다의 노하우가 많고, 작업자도 많은 경험과 숙련을 필요로 하고 있었다. 그러나 현재는 컴퓨터를 이용한 설계(CAD)와 숙련되지 않아도 쉽게 가공할 수 있는 CNC(수치제어)공작기계 및 CAM(컴퓨터로 작성한 가공데이터)이 있다. 이것들을 활용하여 컴퓨터 게임이나 일반 컴퓨터 사용과 같은 방법으로 금형설계와 가공데이터 작성도 할 수 있게 되었다. 또한 여성 금형설계자와 제작자도 증가하고 있다.

금형제작은 한 사람 한 사람의 창조성을 살리고 물건 만들기의 즐

거움에 빠지게 하며 앞으로도 발전의 여지가 크고 세계적인 직업으로서 우수한 점 등 여러 가지 매력이 있다.

금형은 지금부터 제품의 초정밀, 고품질, 초소형과 고성능 등의 수요에 맞추어 진보와 발전을 계속할 것으로 생각된다.

이것을 기회로 꼭 금형에 흥미를 갖기 바란다. 우리가 생활하고 있는 주변에는 금형으로 만든 제품이 넘쳐나고 있다.

2007년 1월   요시다 히로미

차례

제6장
금형부품의
가공

제 1 장

여러 가지 틀과
금형에 대하여

1 만약 금형이 없었다면?

아침에 일어날 때부터 저녁에 잘 때까지, 태어나서 죽을 때까지, 지금의 우리들은 금형 없이 살아갈 수 없다고 말한다. 이 정도로 우리는 금형의 은혜를 받고 있다. 매일 먹는 쌀이나 야채도 대부분 금형으로 만들어진 부품으로 구성된 농업기계 및 기구로 생산되고 포장되어 운반된다.

전기, 가스, 수도, 컴퓨터 등은 대부분 금형으로 만들어진 부품으로 구성되어 있다. 그 밖의 기구나 각 가정의 제품도 금형으로 만들어진 부품으로 구성되어 있다. 금형이 없으면 전등, 냉장고, 전자레인지, 텔레비전 등도 없고, 휴대전화, 컴퓨터, 게임기 등도 만들 수 없고 사용할 수도 없다.

지금은 자동차가 없는 가정이 거의 없다. 지방에는 2-3대씩 소유하고 있는 가정도 늘고 있다. 차가 없으면 출퇴근과 쇼핑 가는 것도 곤란하게 된다. 컴퓨터로 제어되고 있는 전동차나 은행도 마비상태가 된다.

이와 같이 우리들은 각각의 사람이 금형을 직접 사용하는 것이 아니고 금형으로 만들어진 여러 가지 공업제품을 이용하고 있는 것이다.

자동차의 경우는 1대에 1만개 이상의 부품을 사용한다고 한다. 이들 부품의 대부분은 금형을 이용해서 만들어지고 있다. 1,000원 샵(상점)의 제품도 대부분은 금형이 이용된다. 다시 말하면 금형은 현재의 산업을 음으로 지탱하는 나무 뿌리처럼 힘의 역동적인 존재이다. 가전제품, 자동차 그 외의 생산은 금형이 있으므로 가능하다.

일본에서 만든 자동차, 전기제품 등의 공업제품이 세계에서 높은 평가를 받아 수출되고 있다. 그 이유 중 하나는 일본의 뛰어난 금형기술을 들 수 있다.

물론 금형 그 자체는 유럽, 미국을 시작으로 아시아 각국에서도 만들어져 각국의 산업에 중요한 역할을 하고 있다. 그러나 이와 같이 중요한 금형을 일반인이 볼 수 있는 경우는 거의 없다.

현재 생활은 금형이 있으므로 가능하다

> **요점 BOX**
> • 금형은 어디에 사용되고 있는가?
> • 제품과 금형의 관계
> • 근대산업과 금형의 역할

현재의 편리한 생활은 금형이 지탱하고 있다

전자제품　　　자동차　　　기타(완구ㆍ문구류,
용기, 정밀제품 등)

금형

연간 수십억 캔이나
사용되는 음료 캔

금형이 없었다면 옛날로 돌아간다

등잔불

가마솥

인력거

도보

2 금형 이외의 여러 가지 「틀」

금형은 옛날부터 여러 가지로 사용되고 있는 「틀」의 한 종류이다. 금형은 일반적으로 볼 수도, 사용할 수도 없지만, 그 외의 틀은 아주 옛날부터 사용되고 있고 지금도 매일 생활 속에서 직접 보기도 하고 사용하기도 한다.

틀은 하나 만들면 같은 것을 대량으로 빠르고 싸게 만들 수 있다. 그러므로 같은 것을 대량으로 만들고 싶을 때에는 우선 틀을 만들고 그 모양을 제품으로 본뜬다. 이것을 본뜬다는 의미로 전사(轉寫)라 한다.

틀에서 본뜬 형상이나 문자는 틀과 반대로 되므로 틀은 원하는 형상이나 모양을 반대 형상으로 만든다. 쉽게 접할 수 있는 틀의 사례로는 도장이 있고 하나를 만들면 몇백 번, 몇천 번이라도 같은 문자를 만든다. 이것을 발전시켜 놓은 것이 활자이다. 잘 아는 바와 같이 몇만 권이라도 인쇄가 가능하다.

요리용 기구에서 여러 가지의 모양을 볼 수 있다. 야채와 꽃과 동물 등의 여러 가지 모양을 틀로 만들거나 잘라내기를 한다. 생일선물용 초콜릿도 하트 모양의 틀에 흘려 넣어 만든다. 냉장고에 작은 얼음을 만드는 제빙(製氷)도 틀의 한 종류이다.

전문제과업자가 옛날부터 사용하고 있는 목형(木型)도 있다. 목재의 틀에 문자, 인형, 나뭇잎 그림 등을 각인해서 만들고 있다. 금속제에서는 같은 모양의 인형굽기, 붕어빵굽기도 틀 안에 묽은 반죽을 흘려 넣어 모양을 만들고 있다.

종이로 만든 틀은 옛날부터 버선, 의복의 봉제, 베짜기, 염색 등에 사용되고 있었다. 변형된 틀에는 모래 틀이 있다. 이것은 모래를 굳혀서 틀(사형/砂型 또는 모래 주형)을 만들고 이 안에 녹은 금속을 흘려 넣고 식혀서 단단해지면 틀을 부셔서 제품을 꺼낸다. 이와 같이 여러 가지 틀이 진화해서 더욱 더 진보한 것이 금형(金型)이라고 할 수 있다.

> **요점 BOX**
> - 틀이란 무엇인가?
> - 개인이 사용하는 여러 가지 틀
> - 전문가가 사용하는 여러 가지 틀

도장은 수없이 눌러도 같게 찍힌다

요리용 틀에 의한 절단

틀에 초콜릿을 부어서 굳힌다

침을 틀로 접어 굽히는 스테이플러

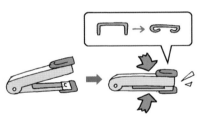

3 금형과 틀의 다른 점

금형도 틀의 한 종류이지만, 다음과 같이 틀과 다른 특징을 가지고 있다.

① 재질이 철로 되어있다.

일부 예외도 있지만, 금형은 주로 철(鐵), 그것도 특수강(特殊鋼)을 사용하고 있다. 강을 날이나 공구로 사용하는 경우에는 열처리(熱處理)를 하면 단단해지고, 마모(磨耗)가 잘 되지 않는다. 특수강은 철에 여러 가지 원소를 추가해서 강하게 만든 것이다. 그래서 돌, 나무, 종이 등으로 만든 다른 틀보다 마모되지 않고 깨지지 않는 특징이 있다.

② 전문 공장과 기계로 만들고 사용된다.

금형은 고도의 전문 지식을 가진 사람과 초정밀 가공 기계가 준비되어 있는 전문 공장에서 만들어지고 있다. 또한 금형은 생산 공장에서 전문의 기계에 장착되어 사용된다. 프레스용 금형은 프레스기계에 장착되고, 플라스틱성형용 금형은 사출성형기에 장착된다.

③ 고정도(高精度), 고기능(高機能)의 공업제품에 사용된다.

만들어진 제품의 재료는 금속, 플라스틱, 유리, 고무 등이고 공업제품의 부품을 만든다. 또한 단순히 형상을 만드는 것만이 아니고 재료의 투입 및 이동, 제품 및 스크랩의 배출 등의 기능을 갖고 있다. 이러한 기능을 달성하기 위해 금형의 구조는 복잡하고 만들기 어려운 이유 중의 하나이다.

④ 전문 공장에서 만들어진다.

금형을 만드는 데에는 전문지식과 경험 등이 필요하고 전문 공장에서 전문가가 설계, 제작을 하고 있다. 금형의 가공은 공작기계(工作機械)라고 하는 고정밀도의 기계를 사용해서 가공한다. 최근에는 CAD/CAM과 그 외의 전용 컴퓨터 시스템으로 설계와 가공을 한다.

요점 BOX	• 틀에 사용되고 있는 재질의 차이점 • 금형과 다른 틀로 만들어지는 것 • 틀 구조의 차이점

여러 가지 금형의 재질과 그 용도

플라스틱성형용 금형의 제품 취출의 구조 예

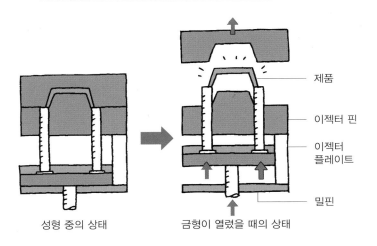

성형 중의 상태   금형이 열렸을 때의 상태

제품

이젝터 핀

이젝터
플레이트

밀핀

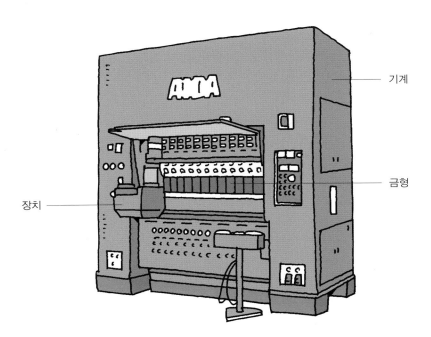

기계

금형

장치

19

용어해설

CAD/CAM : 컴퓨터를 활용한 설계(CAD)와 제작(CAM)을 일체화한 종합적인 시스템을 말하며, 금형제작에서는 설계와 함께 CNC공작기계용의 데이터를 만든다.

4 왜 틀을 사용하는가?

사람은 고대문명의 발상과 함께 틀을 사용해 왔다. 왜 사람은 틀을 만들고 사용했을까? 틀은 무엇에 좋을까? 틀을 사용하면 다음과 같은 것이 가능해진다.

① 동일 제품을 빨리 만들 수 있다.

틀은 한 번 만들면 그것을 본뜨는 것만으로 상당히 빨리 제품을 만들 수 있다. 그 효과는 복잡할수록 커진다.

② 품질은 정확하고 균일하다.

틀로 본떠서 만든 것은 개개의 차이도 적다. 도장은 같다는 것을 증명하는 데 사용되고 있는 것과 비슷한 의미이다. 금형으로 만든 제품은 정도(精度)의 차이가 적기 때문에 호환성도 높다. 그러므로 따로따로 만든 제품도 맞춤 사용이 가능하여 부품의 교환을 용이하게 한다.

③ 사용자는 고도의 경험이 필요없다.

틀을 사용하는 작업은 전문적인 고도 기술을 필요로 하지 않는다. 대부분 간단한 요령만 익혀서 사용할 수 있다. 만들어진 물건(제품)의 모양과 품질도 사용자에 따른 차이가 매우 적다.

④ 시간이 지나도 사람이 바뀌어도 변함없다.

같은 것을 만드는 경우에도 세월이 지나고 사람이 바뀌면 잊기도 하고 틀리기도 해서 내용도 조금씩 변하게 된다. 그러나 틀을 사용하면 이와 같은 문제가 없다. 옛날에 만들어진 옷의 원단이나 과자의 틀을 사용하면 지금도 같은 것을 만들 수 있다.

⑤ 실패가 적고 재료 등의 손실도 적다.

손으로 하나씩 만들면 실패하는 경우가 있다. 특히 서툰 사람이 만들면 불량품이 많아진다. 그러나 금형으로 만드는 것은 간단하기 때문에 실패가 적고, 재료 등의 손실을 적게 할 수 있다. 또한 제품을 구입하는 사람은 불량제품을 만날 확률이 낮아 안심할 수 있다. 그러나 틀(금형)을 만드는 데는 고도의 기술과 시간이 필요하고, 생산수량이 적은 것을 만들기에는 바람직하지 않다.

> **요점 BOX**
> - 틀의 특징과 이용 방법
> - 같은 것을 많이 만들 수 있는 효과
> - 틀을 사용하면 간단히 만들 수 있다.

틀을 사용하는 장점

하나씩 따로 만들면 형상과 크기가 일정하지 않다.

틀을 사용하면 형상과 크기가 변하지 않는다.

틀을 사용하지 않으면 가공에 고도의 기능이 필요

틀로 만든 도자기 제품

용어해설

호환성: 같은 종류의 부품 또는 제품을 다른 것과 바꾸어도 사용할 수 있는 것. 나사, 전지, 콘센트, 비디오테이프 등은 같은 종류 중에서 호환성이 있다.

5

틀과 금형의 역사

지금부터 4천년 이상 전의 메소포타미아에서는 원통 인장이 사용되고 있었다. 이것은 원통형 돌(수정(水晶), 사문석(蛇紋石) 등)의 측면에 나타내고자 하는 모양을 각인한다. 이 원통형 돌을 부드러운 점토 위에서 누르며 돌려서 모양을 새겨 굳힌 것이다. 원통 인장은 높은 정밀도의 모양을 정확하게 그것도 대량으로 전사하는 「틀」의 대표이다. 현재에도 통용되는 틀이다. 종이가 없었던 시대에 정확하게 형상이나 문자를 전사해서 가짜를 구별하는 데는 점토가 최적이었던 것이다.

일본에서는 조몬시대(繩文時代/한자읽기:승문시대/새끼줄 무늬 토기시대)의 토기에 새긴 새끼줄 무늬 모양도 줄 무늬 틀(모델)로서 점토에 전사한 것이다. 현재의 도장(인감)은 종이가 발명된 이후에 개발되었다. 또 중국에서는 1400년 정도 전에 당나라 시대에 만들어진 밀가루를 반죽해서 틀로 굳힌 과자 등이 있다.

금속으로는 동탁(銅鐸/구리로 제작한 목탁), 동모(銅矛/구리로 제작한 창)가 있고 대륙에서 수입된 것으로 생각되는 구리제품(銅製)의 종(鍾)이 유명하다. 더욱이 관영통옥(寬永通玉/일본엽전) 등의 구리 주화가 대량으로 만들어져 사용되고 있었다. 금속을 성형하는 것은 주형(鑄型)이고, 매회(1회 사용)마다 만들 필요가 있지만, 주형을 만드는 데도 틀을 사용하고 있었다. 현재의 10엔, 100엔 등의 주화는 프레스 가공품이다. 프레스 금형에서 높은 정밀도의 주화를 대량으로 만들고 있다. 엽전은 주조품이지만, 이것은 정밀도가 나빠서 자동판매기에서는 사용할 수 없을 것이다.

자동차는 처음에 한 대씩 수작업에 가까운 방법으로 만들어졌다. 그것을 표준화와 분업으로 대량생산을 가능하게 했다. 포드사에서 T형이라는 자동차를 대량생산하며 금형이 대활약을 하게 되어 현재에 이르고 있다. 일본에서는 문방구, 잡화 등에서 약간 사용되고 있던 금형이 텔레비전과 가전제품에서 널리 보급되었고 자가운전의 자동차 시대를 맞이하여 급성장을 하였다.

고대문명의 시대에도 틀은 있었다

요점 BOX	• 점토에 전사하는 입체적인 인감
	• 틀의 원형은 4천 년 이상 전에 있었다.
	• 틀은 상품을 폭발적으로 보급시킨다.

고대 메소포타미아 원통 인장

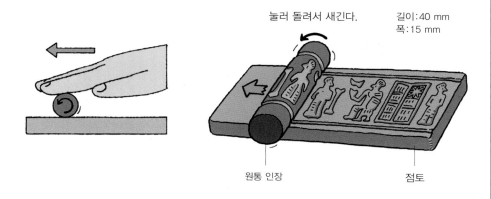

눌러 돌려서 새긴다.

길이: 40 mm
폭: 15 mm

원통 인장

점토

틀의 특징

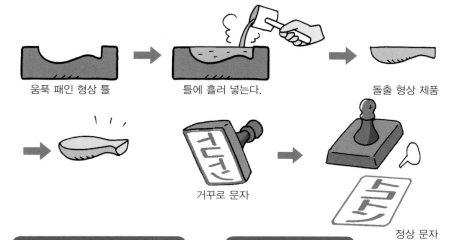

움푹 패인 형상 틀

틀에 흘러 넣는다.

돌출 형상 제품

거꾸로 문자

정상 문자

1919년 T형 포드 자동차

틀로 만든 과자

6 단 한 개의 제품을 만들기 위한 틀

틀을 사용하는 목적은 같은 것을 대량으로, 빠르고, 싸게 만드는 것이다. 그러나 제품을 한 개만 만들고 끝나는 틀이 있다. 이것은 모래와 점토를 배합해서 만든 것으로 주형(鑄型/주물용 틀)이라 한다.

주형의 틀에는 만들고자 하는 모양의 공간이 있다. 이 공간에 녹인 쇳물을 흘려 넣어 넘치도록 채운 후에 식힌다. 주형이 식으면 틀을 부수어 주형물(주물)과 분리한다. 모래와 점토는 금속이 녹는 온도에서도 형상을 유지하고 있기 때문에 옛날부터 청동 제품을 만드는 데 많이 사용되어 왔다.

모래와 점토의 틀을 만드는 데는 다음 2가지의 방법이 있다.
① 부드러운 점토와 모래를 배합해서 직접 틀을 만든다.
② 나무, 석고 등으로 모델을 만들고 이것을 부드러운 모래와 점토 속에 넣고 굳힌 후에 틀을 분해해서 꺼낸다.

큰 제품의 사례로 절의 큰 불상이 있다. 이렇게 큰 것은 밑에서부터 몇 단계로 틀을 쌓아가는 형식으로 머리부분까지 만든다.

주형의 틀로 제품을 만드는 데는 제품의 수량과 같은 개수의 틀이 필요하다. 나무와 석고 등으로 모델을 만들고, 이것을 짝이 되어 분해할 수 있는 구조의 주형에 묻어서 꺼낸 뒤에 짝이 된 틀을 조립하면 주형의 공간이 만들어진다.

이전의 자동차용의 철제 엔진본체, 공작기계의 본체 등은 주형을 사용한 주조로 만들었다. 한 개의 제품을 위해서 주형을 만드는 데 스티로폼을 사용하는 방법이 있다. 이것은 스티로폼이 쉽게 녹아서 없어지는 특징을 이용한 것이다. 스티로폼으로 만들고자 하는 모양을 만들고 스티로폼의 표면에 탄소칠을 해서 말린다. 이렇게 만든 스티로폼 모형을 전용 틀에 넣고 공간에 주물사로 채우면 주형이 된다.

여기에 쇳물을 부어 넣으면 스티로폼은 높은 열기로 녹으면서 타고 거의 없어져 버리므로 분할해서 모델을 꺼낼 필요가 없다. 자동차의 몸체를 성형하는 대형 금형은 이 방법으로 만들고 있다.

제품을 한 개만 만들고 버리는 틀이 있다

요점 BOX
• 틀을 만들어도 만든 제품은 하나뿐이다.
• 부서지기 쉬운 모래로 틀을 만든다.
• 발포 스티로폼으로 틀을 만든다.

큰 불상은 몇 단계의 틀로 나누어 주조한다

잘 보면 틀의 연결부층이
보인다.

주조의 공정

제품

쇳물을 흐르게 하는
구멍용 모델

제품용모델

공간이 된 부분

1 모델을 모래
속에 묻는다.

2 주형을 상하로 나누어
모델을 꺼낸다. 쇳물이
흘러 갈 공간을 만든다.

3 주형을 다시
조립한다.

4 쇳물을 부어
넣는다.

5 금속이 식어 굳으면 주형을 분
해해서 제품을 꺼낸다.

6 잘라내어
완성한다.

스티로폼을 모델로 한 주조

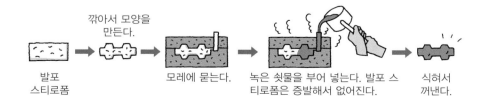

발포
스티로폼

깎아서 모양을
만든다.

모레에 묻는다.

녹은 쇳물을 부어 넣는다. 발포 스
티로폼은 증발해서 없어진다.

식혀서
꺼낸다.

7 금형으로 무엇이 가능한가?

금형은 공장 안에서 고정밀도의 부품을 대량으로 만드는 경우에 사용한다. 따라서 금형을 단독으로 사용하는 경우는 없다. 금형은 프레스 기계에 장착해서 사용한다. 금형의 주요 특징은 다음과 같다.

① 대량생산 가능

　대부분의 금형은 특수강이라 불리는 마모특성이 우수한 재료로 되어 있어서 상당히 많은 제품을 만들 수 있다.

② 정밀도가 높다.

　기계를 만드는 기계로 불려지는 공작기계로 가공하기 때문에 정밀도가 높고, 만들어진 제품도 정밀도가 우수하다.

③ 프레스 기계에 장착해서 생산한다.

　금형은 프레스 기계에 장착해서 사용한다. 대량생산이 가능하여 원가절감을 실현한다.

④ 자동화 가능

　금형을 사용하는 최근의 기계는 대부분 자동화가 되어있어 적은 인원으로도 생산이 가능하다.

⑤ 고속가공이 가능

　제품을 성형하는 시간이 짧기 때문에 고속가공(생산)할 수 있다. 프레스가공에서 1분에 1,000개 이상 가공하는 것도 있다.

현재의 금형은 대량생산, 초정밀, 자동생산, 고속화를 극한까지 추구하고 있어 많은 공업용 제품의 생산에 기여하고 있다. 휴대전화, 컴퓨터, AV기기, 카메라 등을 보아도 소형화, 고성능화가 진행되고 있다. 자동차의 내장기기도 소형화와 고성능화가 되고 있다. 이것들이 가능하게 된 배경에는 금형제작 기술의 발전에 의한 결과이고 앞으로도 소형화, 고성능화, 원가절감 등의 목표는 높아질 것이다. 금형은 앞으로도 이러한 특징을 발전시켜서 새로운 제품으로의 도전이 계속될 것이다.

금형은 전문 공장에서 대활약을 하고 있다

요점 BOX
- 금형은 특수강으로 만들어져 있다.
- 금형은 전용 기계를 사용한다.
- 제품을 상당히 빠르게 만든다.

26

절삭가공과 프레스가공의 차이

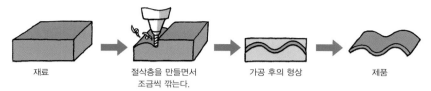

재료 → 절삭층을 만들면서 조금씩 깎는다. → 가공 후의 형상 → 제품

절삭에서 형상을 만드는 경우 상당한 시간이 걸린다.

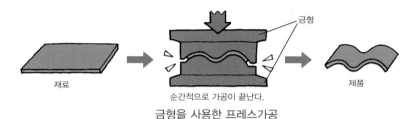

재료 → 순간적으로 가공이 끝난다. (금형) → 제품

금형을 사용한 프레스가공

프레스가공의 장점

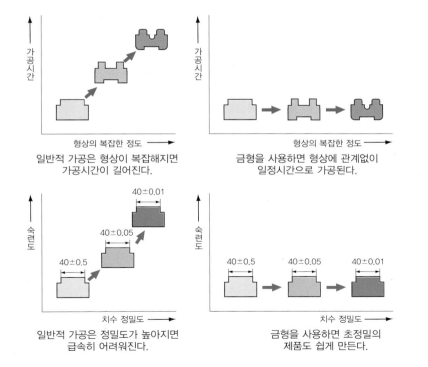

일반적 가공은 형상이 복잡해지면
가공시간이 길어진다.

금형을 사용하면 형상에 관계없이
일정시간으로 가공된다.

40±0.01
40±0.05
40±0.5

일반적 가공은 정밀도가 높아지면
급속히 어려워진다.

40±0.5 40±0.05 40±0.01

금형을 사용하면 초정밀의
제품도 쉽게 만든다.

8 일본에서 최초로 제작된 대량생산용 금형

다음을 생각해보자.

일본에서 최초로 만들어진 대량생산용의 금형과 제품은 무엇일까? 그 제품은 지금도 세계적으로 대량으로 만들어지고 있다. 그것은 바로 주화이다.

일본에서는 메이지시대(明治時代) 초기에 영국제의 중고 프레스 기계를 홍콩에서 구입하여 주화의 생산을 시작했다. 지금도「사쿠라 길을 지나서」로 유명한 오사카 조폐국 현관에 이 기계가 전시되어 있다.

그 이전의 에도시대 후반부까지 주화는 주조되고 있었다. 금속을 녹여서 주형 속에 부어 넣는 주조는 생산성이 낮고 표면이 거칠할 뿐만 아니라 모양과 두께의 정밀도도 좋지 않았다. 또한 외형과 구멍에 있는 거스럼(버/burr)을 제거하는 것은 어려운 일이었다.

일본에서 가장 오래된 주화(와도카이칭/和同開珍/원년708)로 나라시대(奈良時代) 이후 널리 사용되어오고 있었다.

금형과 프레스 기계로 만들면 정밀도 높은 것을 빠르고 대량으로 싸게 생산할 수 있다. 현재는 세계 모든 나라에서 프레스 가공으로 만들어지는 주화가 사용되고 있다. 금형과 프레스 가공에서 만들어진 주화는 재질도 여러 종류의 것이 사용될 수 있고 크기, 두께, 무게도 상당히 정확하다.

주조로 만든 주화는 자동판매기에서 사용할 수 없다. 따라서 자동판매기는 만들 수도 없었다.

주화에 그림이나 문자를 성형하는 금형은 수십 년 사용하며 몇억, 몇십억 개의 주화를 만들 수 있지만, 금형의 마모에 따라서 모양과 문자가 변해 버리게 된다.

이 때문에 주화를 만드는 금형을 대량으로 만들 필요가 있고 표준이 되는 금형(마스터 금형)에서 전사를 해서 생산용 금형을 많이 만들 수 있다. 따라서 금형을 교환해도 완전히 같은 주화를 만들 수 있다.

동전을 만드는 방법은 메이지시대에 바뀌었다

요점 BOX
- 주화 만드는 방법이 주조에서 프레스 가공으로 발전했다.
- 금형 덕분에 자동판매기가 등장했다.
- 같은 금형을 많이 만드는 방법

28

주조에 의한 주화

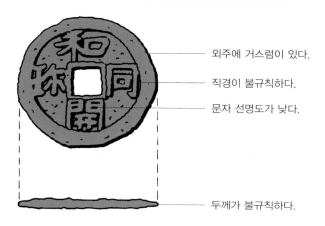

- 외주에 거스럼이 있다.
- 직경이 불규칙하다.
- 문자 선명도가 낮다.
- 두께가 불규칙하다.

주화의 금형과 주화

용어해설

와도카이칭: 오랫동안 일본에서 최초로 사용한 주화라고 생각되었지만, 최근에 더 오래된 것으로 보이는 주화가 발견되었다.

9 제품 소재의 변화와 금형

공업제품의 발전은 소재의 개발과 함께 제품의 제작 방법도 크게 변한다.

금속이나 플라스틱이 보급되지 않은 옛날에는 자연에 있는 소재를 가공해서 제품을 만들었다. 아주 옛날에는 돌과 흙(토기), 식물(나무, 섬유) 등이다.

이것들을 재료로 하는 제품의 대부분은 하나씩 수작업에 가까운 방법으로 만들었다. 따라서 초정밀, 대량생산을 목적으로 하는 금형은 거의 사용되지 않았다.

금속이 사용된 초기에는 녹는 온도가 낮은 청동이 중심이었고, 고온에서 만드는 철의 보급은 그 이후이다.

금속을 금형으로 가공하는 데에는 상당히 큰 힘이 필요하다. 증기기관이 발명된 산업혁명 이전에는 금형이라기보다 특수한 수공구(手工具)가 사용되는 정도였다.

금속을 몇 번이고 두들겨서 서서히 늘리고 용기 모양의 제품을 만드는 방법은 수천년 전부터 행하여져 왔다. 이집트의 투탕가면 등의 황금 가면도 금을 두들겨서 얇게 늘림과 동시에 모양을 만들었다.

초기의 자전거나 자동차도 이 두들기는 판금의 수작업 방법으로 만들어졌다.

수작업 판금은 지금도 현물에 맞추어 만들고 있다. 건축이나 플랜트, 시작품 등은 이 방법으로 만들어지는 것이 있다.

이 방법은 숙련된 장인의 손으로 많은 시간이 걸려서 예술품에 가까운 제품을 만들 수 있다.

금형으로 대량 만들어지기 전에는 자전거, 자동차 그 외의 제품도 사치스러운 귀중품이었다.

플라스틱은 금속 이후에 나타난 소재이고 금속용의 금형이 보급되어 있었기 때문에 처음부터 금형으로 가공(생산)되어졌다.

> **요점 BOX**
> • 돌과 나무는 금형으로 가공할 수 없다.
> • 제품은 금형으로 가공할 수 있는 재료로 바뀌어 간다.
> • 옛날에는 금속을 두들겨서 만들었다.

제품의 소재가 변하면 틀도 바뀐다

황금 가면

두께 0.6 mm의 금을 두들겨서 성형한 수작업의 황금 가면 (고대 이집트)

금속 가공의 발전

녹은 금속

주형

금속을 녹여서 주형에 흘려 넣는 주조

망치로 두들겨서 성형하는 단조

금형으로 프레스 가공

제품 소재의 변화

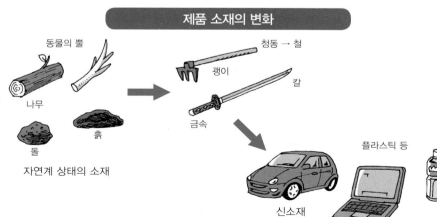

동물의 뿔

나무

돌

흙

자연계 상태의 소재

청동 → 철

괭이

칼

금속

신소재

플라스틱 등

아직도 틀은 있다

틀이라고 하는 어원(語源)을 사전에서 보면「개개의 것의 모양을 나타내는 원본이되는 것」으로 표현하고 있다. 이 경우 개개의 것에는 실제의「물건」과 모양을 표현하는 동작이나 말 등의 2개가 있는 것 같다.

「물건」으로서 틀에는 종이 틀, 나무 틀(목형), 주형, 금형 등이 있다. 물건이 아닌틀에는 전통, 관습, 만드는 방법 등이 있고 무도(무예), 예능, 스포츠 등에서 모범이되는 방식, 정해진 형식, 패턴이 있다.

노래나 그 노래 방법에도 독특한 틀(型)이 있다. 의사나 코치가 시끄럽게 말하는것은 그 틀 때문이다. 이와 같이 생각하면 틀은 모양이나 약속을 바꾸지 않고 일정하게 유지(지킴)하는 것이라고 생각된다.

「물건」과「물건이 아닌 것」을 같은 문자나 말로 표현하는 것은 언어 표현의 뛰어난 부분이다.

옛날 창극의「아련한 달밤」에서「저녁 달 걸리고 냄새가 엷다」의 냄새는 향기가아니라 분위기를 나타내는 의미일 것이다.

이 노래의 2절에서 "빛 그림자(빛)도 숲(물건)도 개구리의 울음 소리(음/音)도같은 것처럼 노을지고 있다"는 필자가 더욱 더 좋아하는 부분이다.

물건이나 동작 및 표현 등에는 모양이 변하지 않는 쪽이 좋은 것과 하나하나(한사람 한 사람)가 달라져 있는 것이 좋은 것도 있는 듯 하다. 장인이 하나하나 수작업으로 만든 브랜드 상품의 가방이나 보석 등은 이 사례이다.

한편 공업제품은 대량생산이 필요하고 품질이나 정도에 차이가 적은 것이 중요하다. 특히 공업제품의 대부분은 정해진 규정이나 방법을 지키고 틀에 박힌 작업을지키는 것이 요구되고 있다.

제 **2** 장

금형이라고 하는 것은?

10 금형은 어디서 어떻게 만들어지고 있는가?

금형은 어떠한 회사에서 어떻게 만들어지고 있는 것일까? 금형을 만들고 있는 공장에는 다음의 3가지 유형이 있다.

① 상품을 제조, 판매하고 있는 회사에서 금형도 만든다.

자동차나 전기제품 등을 제조해서 판매하고 있는 회사가 사내에서 제품을 만들고 그것에 필요한 금형도 사내에서 만든다.

② 부품을 만들고 있는 회사가 금형도 만든다.

자동차나 전기제품 등을 제조하는 기업에서 부품을 수주하고 이것을 가공하여 납품한다. 부품 생산에 필요한 금형도 사내에서 만든다.

③ 금형을 만드는 것이 전문인 회사

금형전문 제작회사(금형기업체)라고 부르며 금형을 제작해서 판매하는 것이 본업인 회사이다. 금형을 주문 받아 제작하므로 금형이 상품이다.

금형제작은 대략 다음의 3개 부문으로 구분한다.

1. 금형설계: 금형 전체의 구조를 생각해서 조립도와 부품도를 설계한다. 최근에는 컴퓨터를 사용한 설계(CAD) 또는 CAD/CAM 시스템을 사용한 설계, 제조하는 것이 일반적이다.

2. 기계가공: 금형가공은 사람의 손으로 조작을 하면서 가공하는 매뉴얼 기계와 컴퓨터 수치제어에 의한 CNC공작기계로 하고 있다. 현재는 CNC공작기계에서 대부분의 가공을 하고 매뉴얼 기계는 보조로 사용하고 있다.

3. 조립완성: 가공이 끝난 부품에 연마(수작업 포함) 및 기타 마무리 작업을 하고 구입부품 등과 맞추어 조립해서 금형을 완성시킨다. 조립이 된 금형은 생산용(양산용) 기계에 장착하고 가공 소재로 시험생산하여 성능을 확인한다. 상태가 나쁜 것은 잘 될 때까지 몇 번이고 수정, 반복한다.

34

금형은 여러 기업에서 만들어진다

요점 BOX
- 금형을 만드는 회사에는 3가지 유형이 있다.
- 전문 공장에서 금형전문가가 만든다.
- 금형제작에는 컴퓨터가 많이 사용된다.

금형제작에서 제품완성까지의 흐름과 기업

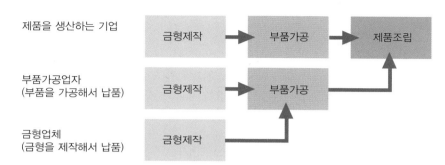

제품을 생산하는 기업

금형제작 → 부품가공 → 제품조립

부품가공업자
(부품을 가공해서 납품)

금형제작 → 부품가공

금형업체
(금형을 제작해서 납품)

금형제작

금형의 제작공정

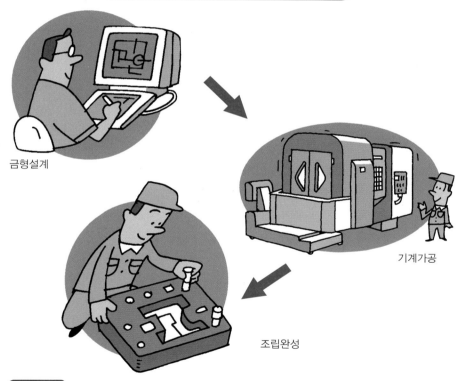

금형설계

기계가공

조립완성

용어해설

금형업체: 금형을 사용하는 기업에서 주문을 받아 그것을 생산해서 납품하는 기업. 금형의 종류별로 주특기 분야가 있어서 한정된 고객과 거래하는 사례가 많다.

매뉴얼 기계: 가공하는 공작물의 형상 및 치수 등은 모두 작업자가 핸들 등을 조작해서 도면에 맞추어(또는 도면 없이) 제작한다. 이 때문에 작업자의 숙련도에 좌우되어 결정된다.

11 금형은 어디서 누가 사용하고 있는가?

금형은 일반 가정에서 개인이 사용하지 않는다. 자동차나 전기제품의 부품을 만들고 있는 공장에서 전용 기계에 장착해서 사용하고 있다.

부품을 만들기 위해서 필요한 기계나 장치에는 다음과 같은 것이 있고 각각의 역할을 분담하고 있다.

① 생산하기 위한 기계

금속의 프레스 가공에는 프레스기계, 플라스틱 성형에는 플라스틱용 사출성형기 등이 있다. 금형은 이들 기계에 장착해서 사용한다.

② 기계 및 기계의 전후에 조립되는 장치

재료의 유지와 이송, 금형에의 투입, 제품과 스크랩을 기계 바깥으로 배출 등을 하는 자동화 장치, 기타 장치가 있다.

③ 금형

재료를 성형하고 제품과 스크랩을 금형 바깥으로 배출한다.

④ 재료

제품의 소재로서 재질, 형상, 치수가 있다.

이들 장치나 재료는 각각의 역할을 담당하고 있지만, 금형은 제품을 만드는 더욱 더 중요한 역할을 하고 있다.

또한 이들을 사용하여 생산하는 사람(생산 작업자)이 있다. 생산 작업자는 기계의 점검과 작업조건의 설정, 장치의 준비와 조정, 금형의 장착과 조정, 재료의 준비, 시험가공과 품질 확인 등의 작업을 한다.

금형의 품질이 나쁘면 작업자에 많은 부담을 주고 만들어진 제품의 품질도 불안정하게 된다.

비교적 작은 회사는 프레스 가공, 플라스틱 사출성형, 유리성형, 고무 성형 등 소재와 생산물의 내용에 따라서 회사가 구분된다. 이들의 생산부품을 한 회사에서 모두 생산하는 경우에도 전문 분야별로 공장 또는 작업장소가 구분되어 있는 것이 보통이다.

부품 제조 공장에서 전용 기계에 장착해서 사용한다

요점 BOX
- 금형만으로는 제품을 만들 수 없다.
- 그냥 모양을 만들기만 하는 것은 아니다.
- 제품 품질의 대부분은 금형으로 결정된다.

금형의 제조 공장

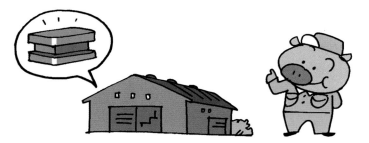

금형은 전문 공장 내에서 사용되고 일반 사람은 볼 수 없다.

금형을 이용한 생산방법

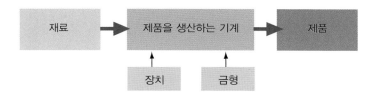

공장 내의 프레스기계와 금형

12

금형은 왜 상점에서 팔지 않는가?

금형은 자동차 등 기타 산업을 지탱하는 중요한 것이지만, 상점에서 팔고 있는 것을 볼 수가 없다. 또한 텔레비전이나 광고지에서 선전하는 경우도 없다. 인터넷 등에서 찾아보아도 만들고 있는 기업에 대한 소개는 있지만, 금형 그 자체는 없다. 그 이유는 다음과 같다.

① 특정의 회사에서 사용한다.

하나의 금형을 필요로 하는 회사는 세계에서 한 회사뿐이고 다른 회사에서는 전혀 필요 없다. 그 때문에 불특정 다수의 고객을 대상으로 한 광고 또는 상점에서의 판매는 전혀 효과가 없고 필요하지도 않다.

② 미리 만들어 놓지 않는다.

금형은 제품 개발이 끝나고 디자인, 치수 등이 결정된 후에 필요하다. 그 때문에 미리 만들어 놓을 수 없다. 주문 후에 만들게 되는 주택 등과 같다. 미리 제작할 수 없으므로 상점에 진열할 수도 없다.

③ 1개만 만든다.

같은 것을 2개 이상 만드는 예는 상당히 적고, 2개 이상의 경우에도 실제 사용하는 경우는 1개이다. (번역자추가: 휴대폰 등 대량생산 품목은 한 회사에서 같은 금형을 여러 개 만들어 동시 생산도 한다)

④ 금형제작 기업의 주특기 분야가 결정되어 있다.

금형은 종류가 많고 금형제작 기업도 각각 주특기 금형의 종류가 다르다. 금형의 종류가 다르면 필요한 기술과 설비도 다르다. 그 때문에 유사(類似)한 금형은 특정 기업에 발주하는 예가 많다. 경우에 따라서는 사용하는 기업 내에 금형을 만드는 사내 금형제작 부서가 있기도 하다.

⑤ 직접 거래

발주하는 기업과 수주하는 기업이 직접 거래하는 것이 일반적이고, 그 사이에 유통업자가 들어오는 경우는 거의 없다.

요점
BOX

- 필요한 기업 이외에는 사용하지 않고 팔지도 않는다.
- 금형은 필요에 의해 만든다.
- 금형은 재고가 될 수 없다.

상점에서 팔지도 않는다 금형을 상점에서 사는 사람이 없고

일반 상품과 금형 판매의 차이

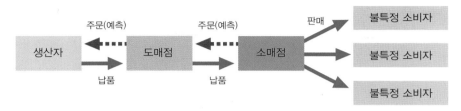

일반 상품의 판매

금형의 판매

일반 공업제품의 생산에서 구입까지의 흐름

예측 생산
(주문이 있기 전에 생산한다.)

생산

가게에 전시한다.
(팔리기를 기다린다.)

유통

불특정 소비자

구입

금형은 그때그때 주문, 제작, 납품한다

금형을 만드는 회사

금형을 사용하는 회사

13 금형을 사용하면 정밀도 높은 제품을 만들 수 있다

많은 제품을 하나씩 별도로 만들면 그 중에는 치수 등에서 뒤떨어지는 것이 있게 된다. 인형 등과 같이 「수작업」으로 만든 것은 개개의 모양이나 크기가 다르다. 그러나 금형으로 만든 제품은 수천 개, 수만 개 만들어도 각각의 차이는 거의 없다.

금형가공 제품(부품)은 금형 정밀도에 거의 가까운 것이 만들어지기 때문에 금형은 상당히 높은 정밀도로 제작한다.

고정밀도 금형은 1마이크론(1/1000 mm) 또는 그보다 더 높은 정밀도가 요구되기도 한다. 그것은 머리카락의 1/100에 가까운 미세한 치수이다. 그러나 정확히 말하면 금형과 제품의 형상과 치수는 완전히 같지는 않다.

금속의 경우는 스프링과 같은 성질이 있고 금형에서 나오면서 스프링 백 현상에 의해 일부분이 원상태로 돌아온다. 플라스틱의 경우는 금형에서 나와서 식으면 수축을 한다. 이들의 변화를 고려해서 금형을 제작한다.

동일 제품을 대량으로 계속 만들기 위해서는 금형이 마모되지 않아야 한다. 일반적인 틀도 마모와 형상 변형이 발생하지 않도록 제품의 재질보다 단단하고 마모되기 어려운 것을 사용하고 있지만, 금형은 이것을 한 단계 더 높인 것이다.

마모와 형상의 변형 및 파손 등을 적게 하기 위해서 금형의 재질은 주로 강(鋼)계열의 금속을 사용하고 있다. 주방용 칼이나 도끼 등도 강을 사용하고 담금질(열처리)해서 사용하고 있지만, 이들에 사용되는 강(鋼)보다도 금형의 경우는 더욱 단단하고 마모되기 어려운 특수강(特殊鋼)을 많이 사용하고 있다. 또한 큰 힘에 견디고 깨지지 않도록 강도가 충분히 높아야 한다.

금형을 사용하고 있는 중에 마모 또는 파손되는 경우는 금형부품을 연마로 교정하기도 하고 교환하기도 한다. 이것은 금형의 보수(保守/메인터넌스)라고 말하며 금형의 정밀도를 유지하는 중요한 작업이다.

금형은 제품의 정밀도보다 더 높은 정밀도로 만들어야 한다

요점 BOX
- 가공에 의한 변형을 고려하여 만든다.
- 마모가 필요 이상 되기 전에 보수, 정비한다.
- 고정밀도의 금형은 1/1000 단위로 만들어진다.

금형은 머리카락 1/100의 정밀도가 요구된다

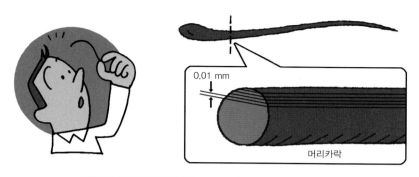

0.01 mm

머리카락

1/1000 mm의 정밀도로 만들어진 금형

금형과 제품의 치수는 미세한 차이가 있다

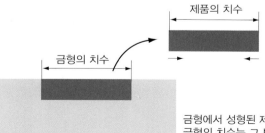

제품의 치수

금형의 치수

금형에서 성형된 제품은 미세하게 변한다.
금형의 치수는 그 변화량을 고려해서 만든다.

용어해설

마이크론:100만분의 1 m로 정식 단위는 마이크로미터(μm). 기계분야에서는 단위를 밀리미터(mm)로
나타내는 경우가 많다. 1000분의 1 mm를 사용한다.

14 자동차는 금형으로 제작된다

자동차의 부품은 금형으로 만들어진 것이 대부분이고, 필자는 금형을 사용하지 않은 부품을 생각해 낼 수 없다. 사용하고 있는 금형은 다음과 같다.

① 프레스금형

　얇은 판으로 되어 있는 부품은 거의 프레스 가공과 그 금형으로 만든다. 차체본체, 서스펜션, 도어, 트렁크, 본넷 등이다. 이것들은 평탄하고 얇은 철판을 금형으로 성형하고, 잘라내서 이것을 용접하여 만든다. 프레스가공용 금형의 70% 이상이 자동차 부품이고, 금형을 사용하는 최대 산업이다.

② 단조금형

　엔진의 동력을 전달하는 동력전달용 부품의 대부분은 단조금형으로 만든다. 단조는 주로 강재를 압축해서 성형한다.

③ 다이캐스트금형

　알루미늄제품의 엔진(본체), 레버 등은 다이캐스팅(금형에 의한 주조)으로 만든다.

④ 플라스틱성형금형

　실내의 내장품, 전장품(電裝品), 범퍼(트럭 등 일부는 철판도 있음), 연료탱크 등의 플라스틱 부품이 늘어나고 있고, 이것들은 100% 금형을 이용해서 만든다.

⑤ 고무금형

　타이어, 와이퍼, 방진재(防振材) 등은 고무금형으로 성형하여 만든다.

⑥ 유리금형

　헤드라이트 렌즈, 창유리 등의 유리(글라스) 성형은 유리금형으로 성형하여 만든다.

⑦ 전장품(電裝品)

　카스테레오, 네비게이션, 에어컨, 엔진, 클러치, 도어장치 등 많은 전장품이 사용되고 있고 이들 부품도 금형으로 만든다.

요점 BOX
• 자동차 부품은 1만 개 이상이다.
• 부품의 수 만큼 금형이 있다.
• 금형업계에 영향이 매우 크다.

자동차의 부품에서 금형을 사용하지 않은 것은 거의 없다

42

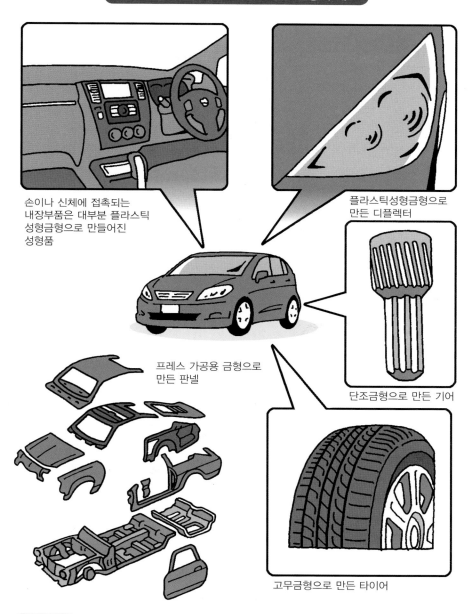

자동차 분야에서 사용되고 있는 금형의 예

손이나 신체에 접촉되는
내장부품은 대부분 플라스틱
성형금형으로 만들어진
성형품

플라스틱성형금형으로
만든 디플렉터

프레스 가공용 금형으로
만든 판넬

단조금형으로 만든 기어

고무금형으로 만든 타이어

43

용어해설

차체 본체: 용접으로 일체화한 자동차 본체이고, 이 안에 사람, 엔진 및 화물 등이 들어간다.
서스펜션: 타이어에 붙은 호일, 스프링 등을 장착하고 도로의 울퉁불퉁한 상태의 에너지를 흡수하고
승차감을 좋게 하는 장치

15

전기, 전자제품과 금형

전기(電器) 및 전자제품은 해를 거듭할 수록 소형화, 고성능화가 진행되어 방 전체 크기의 대형 컴퓨터가 한 손으로 들 수 있는 PC(퍼스널 컴퓨터)로 변화하고 있다.

텔레비전도 크고 무거운 브라운관식에서 얇은 디지털 제품으로 바뀌고, 휴대전화의 기능 향상과 경량화의 추세는 따라가기도 벅차다.

이들에 사용되는 부품도 당연히 고기능, 소형화가 요구되고 핀셋으로 겨우 잡을 정도로 작고 현미경으로 보지 않으면 알 수 없는 것도 많아지고 있다. 그러나 이들의 부품도 대부분 금형으로 만든다.

휴대용 AV기기 등을 얇게 하기 위해서는 부품을 작게 하는 것만이 아니고, 부품과 부품의 간격을 좁게 할 필요도 있다. 이 때문에 처짐, 꼬임, 뒤틀림 등의 대책이 중요하고, 금형제작도 높은 기술이 요구되고 있다. 이 때문에 금형도 소형, 고정밀도로 대응이 요구된다.

그러나 이것은 금형 중에서도 제품을 성형하는 부분의 내용이고, 금형 그 자체가 작게 되는 것은 아니다. 물론 고정밀도를 확보하고, 이것을 유지하기 위해서는 부품을 조합하고, 강성을 높게 하기 위해서 튼튼하게 만들 필요도 있다.

전기제품 본체의 대부분은 플라스틱이 사용되고 복잡한 형상의 일체화가 진행되고 있다. 옛날 제품과 비교하면 나사로 고정하고 푸는 곳이 현저하게 적어지고 있다. 그것은 부품의 수를 줄여서 제작비를 저렴하게 하는 것과 조립시간을 단축하기 위한 것이므로 금형은 그만큼 복잡해진다.

부품의 경량화에는 알루미늄이나 마그네슘 등 가벼운 소재로 변경되고 있다.

사용하는 부품은 자주 변화한다

요점 BOX
• 부품에 맞추어 금형도 변한다.
• 소형, 고성능화로 변화한다.
• 금속에서 플라스틱으로

44

전기, 전자제품

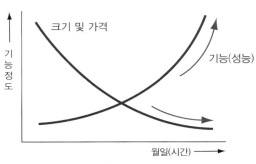

크기 및 가격

기능(성능)

기능 정도

월일(시간) →

전기, 전자제품의 변화

작은 전자부품의 예

가공하는 제품이 작아도 금형은 작아지지 않는다

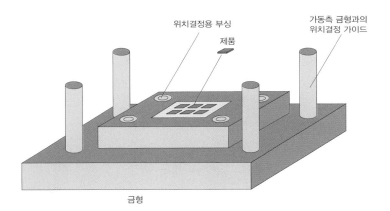

위치결정용 부싱

제품

가동측 금형과의
위치결정 가이드

금형

전화의 고성능화와 소형화

용어해설

마그네슘(합금): 알루미늄보다 더 가벼운 금속으로 성형, 가공은 어렵지만 퍼스널 컴퓨터 등과 휴대용 기기의 케이스로 사용되고 있다.

16 주방기기 및 식기와 금형

부엌(주방)에서 볼 수 있는 것은 스테인리스 식기세척대, 가스기구, 환기구 및 수납장 등이다. 이들은 열에 견디고 방수성 및 청량감 등에서 금속이 많이 사용되고 있다. 그 중에도 최근에는 목재 또는 콘크리트로 제작된 식기세척대가 스테인리스로 만들어지고 있고, 휴대용 조리기구가 개발되어 조리가 부엌에서 방으로 이동하고 있다.

스테인리스의 세척대(씽크대)는 한 장의 철판에서 성형된 프레스 가공과 금형의 걸작품이다.

조리용의 솥, 냄비 등도 철제에서 알루미늄(합금)을 중심으로 하는 프레스 가공품으로 변경되고, 가볍고 편리한 것을 저렴하게 살 수 있게 되었다. 이것은 대부분 금형으로 성형되어 있다.

씻은 뒤의 식기를 넣는 것도 대나무나 목재에서 금형으로 만든 플라스틱 제품이나 금속제품으로 바뀌었다. 된장이나 간장, 기름 등의 식품보존 용기도 나무통이나 도자기용기에서 금형에 의한 플라스틱 제품으로 변경되었다.

편의점에서 쉽게 구할 수 있는 컵라면, 차 또는 커피, 기타 용기 등도 금형으로 성형한 것이다.

옛날이나 현재에도 변하지 않는 도자기 또는 목재의 식기류와 젓가락도 있다. 그러나 스푼, 나이프, 포크 등의 금속제의 양식기(洋食器)의 많은 것은 금형으로 만들고 있다. 주방기기는 전기제품의 변화에 따라 전기오븐, 전자레인지, 전기포트, 전기믹서기, 식기세척기 등이 보급되어 있다. 이것들은 고도의 자동화가 진행되어 컴퓨터 등이 탑재된 제품이 증가하고 있다. 특히 가마솥 등의 전통적인 주방제품은 상점에서 구입할 수 없고 박물관 등에서 볼 수 있다.

46

부엌에는 프레스 가공품이 많다

요점 BOX
- 프레스가공이 주부의 생활을 바꿨다.
- 목제의 제품이 줄고 있다.
- 컵라면도 금형 덕분이다.

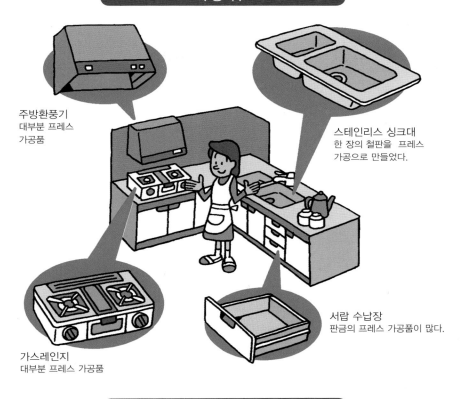

주방기구

주방환풍기
대부분 프레스
가공품

스테인리스 싱크대
한 장의 철판을 프레스
가공으로 만들었다.

서랍 수납장
판금의 프레스 가공품이 많다.

가스레인지
대부분 프레스 가공품

밥솥의 변천

가마솥과 나무뚜껑

금형과 프레스가공에
의한 세계 최초 전기밥솥

알루미늄 박막을 금형으로
성형한 컵라면 용기

용어해설

싱크대: 스테인리스 주방 세척대로 얇은 용기상태로 만든 것으로 물을 흘려서 씻는 데 사용한다.
프레스 가공에서는 매우 어려운 제품이다.

17 문방구, 잡화 등과 금형

1,000원 샵(상점)에서 놀라는 것은 제품 종류의 많음과 가격이 저렴한 것이다. 「이 물건이 어떻게 1,000원이야」하고 불가사의하게 생각하는 경우가 많을 것으로 생각된다.

플라스틱 용기 등에서는 놀라지 않지만, 접는 우산이나 시계까지도 있는 것이 놀랍기만 하다.

간단한 기능의 문방구 및 잡화류에는 다음과 같은 특징이 있다.

① 제품도 기술도 성숙한 것이 많고, 모델변경이나 새로운 개발요소가 적다. 이 때문에 외국으로의 생산이전이 용이하다.
② 생산을 위해서 생산설비가 비교적 간단하고, 가격도 싸고 소규모 기업에서도 대량으로 만들 수 있다.
③ 대단히 많은 제품을 만든다.

대부분의 제품(부품)은 금형을 사용해서 대량으로 생산하고 있다. 특히 문방구 및 잡화류의 플라스틱 제품이 저렴한 것은 금형을 사용하여 가공의 숙련도가 필요없기 때문이다. 또한 인건비가 낮은 나라로 이동하기 때문이다. 수량이 많은 플라스틱 제품용 금형 중에는 한 번에 50개 이상을 동시에 만드는 것도 있다.

문방구에서 발전한 사무기기에는 복사기, 프린터, 스캐너 등이 있고 이것은 대부분 퍼스널 컴퓨터의 주변기기로 되어 있다. 이것에 의해서 기업에서는 만년필이나 연필, 볼펜 등의 사용량은 점점 적어지고 있다.

또한 옛날부터 사용되었던 타이프라이터(타자기), 주판, 제도기등은 모습을 볼 수 없다. 필기용 기구의 주 고객과 용도는 학교 학생과 학습용이 중심이고 기업에서는 보조적인 역할 정도로 되고 있다.

한편 고급 필기용구 중에는 대단히 비싼 브랜드 제품이 있다. 이것은 숙련자에 의한 수작업으로 제작하는 소량생산이다.

48

1000원 샵(상점) 제품은 왜 이렇게 싼가?

요점 BOX
• 한 번에 많이 만드는 금형도 있다.
• 보다 싸게 만들 수 있는 것으로 변하고 있다.
• 대량생산하지 않고 비싼 것도 있다.

금형으로 싸게 대량으로 만들어지는 문방구

생산량과 가공량의 관계

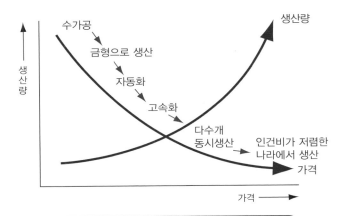

수가공
금형으로 생산
자동화
고속화
다수개 동시생산
인건비가 저렴한 나라에서 생산

생산량

생산량

가격

가격

볼펜의 축을 만드는 금형

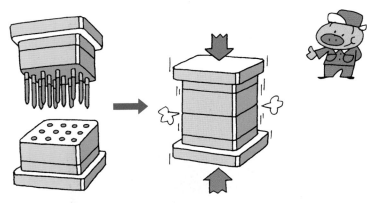

볼펜의 축을 수십 개 동시에 성형하는 금형의 예

18 선박, 철도차량, 항공기 등의 수송기계와 금형

이들 수송기는 매우 크다는 것, 생산 수량이 적다는 것, 부품수가 많다는 것, 특수한 사양이 많다는 것 등의 특징이 있다. 이 때문에 연간 생산수량이 수 개에서 수십 개 단위의 본체(body)를 금형으로 대량생산하는 예는 거의 없다.

수만 톤의 선박의 선단부(先端部), 고속철의 선단차량, 항공기 동체와 날개 등의 유선형의 곡선 대부분은 숙련 기술자에 의한 수가공이다. 기계를 사용하는 경우에도 숙련된 사람이 기계를 조작하고 있다.

외측의 부품 생산수량은 한정되어 있어도, 눈으로 볼 수 없는 많은 구조물이 있다. 항공기를 세세하게 나누면, 수십만 점에서 백만 점이 넘는 부품이 사용되고 있고 보기보다 복잡하고 많은 부품이 조립되어 있다.

이들 수송기기의 조종은 대부분이 컴퓨터로 제어되고 자동화되어 있다. 조종석에서 날개 끝까지 기내에 설치된 전선의 수와 길이는 엄청나다.

또한 대부분의 장치는 여러 가지 기기로 제어되고 있다. 항공기에 탑재되어 있는 컴퓨터나 제어장치는 전자제품의 덩어리이고 금형으로 만들어진 부품이 상당히 많이 있다. 더욱이 내장품 특히 좌석 주변에는 테이블, AV기기, 비상시를 대비한 기기 등이 승객의 수만큼 있다.

엔진 및 모터 등의 동력원에는 한 대당 대량으로 사용되는 부품이 많고, 이 중에는 금형으로 만들어진 것이 다수 있다. 일본은 단독으로 항공기를 제작하고 있지 않지만, 동체, 내부의 구조물, 주날개, 뒤날개 등의 일부를 생산하고 있고, 항공기 부품의 생산은 큰 산업으로 되어 있다.

항공기나 철도차량은 그것만이 아니고 지상의 관제실과 방대한 정보를 처리하고 있어 여기서도 금형으로 만들어진 많은 전자기기가 사용되고 있다.

요점 BOX
• 하이테크 제품으로 지켜지고 있다.
• 부품수는 항공기가 자동차보다 월등히 많다.
• 공항 그 외에 사용되어지는 것도 많다.

항공기에도 금형으로 만든 제품(부품)이 모여 있다

항공기 안에는 고성능, 경량, 소형의 기기가 꽉 차 있다

대형 컴퓨터

자동화 로봇

AV기기 좌석

터보엔진

초고속 열차에도 고성능, 경량, 소형의 기기가 꽉 차 있다

초고속 열차에도 금형으로 만들어진 많은 전기전자 기기가 장착되어 있다.

19 금형의 종류별 생산량과 금액

금형의 종류별 생산량과 매출금액의 비율은 그림 1과 그림 2와 같다. 이 그림에서 다음을 알 수 있다.

① 금형의 생산수는 유리금형이 1번이지만, 가격은 상당히 낮다. 따라서 유리금형은 종류가 많고 한 금형당의 단가가 매우 낮다는 것을 알 수 있다. 유리제품은 단순한 형상이 많고 금형의 재질도 저렴한 것을 사용하고 구조도 단순한 것이 많기 때문이다. 유리병의 성형은 녹은 유리에 압축공기를 불어 넣어서 부풀리는 방법으로, 금형은 외측(바깥)부분 뿐이다.

② 단조용 금형도 비슷한 경향이 있다.

이것은 소재에서 완성까지 중간공정의 금형은 단순한 기능과 형상의 금형이 많기 때문이다.

③ 생산금액은 프레스용 금형과 플라스틱용 금형이 압도적으로 높다. 이 두 종류의 금형은 금형단가의 가격이 다른 금형과 비교하여 높고, 특히 플라스틱용 금형은 가격이 높은 것을 알 수 있다. 프레스 금형과 플라스틱 금형의 가격이 높은 것은 제품의 형상이 복잡하고 고정밀도이고 금형도 복잡한 것이 많기 때문이다.

④ 종합적인 생산 시스템과 금형

제품을 생산하는 기계, 자동화 장치, 금형, 제어시스템 등을 하나의 종합적인 장치로서 제작하고 판매하는 예도 늘어나고 있다. 이 때문에 금형만의 생산량과 매출을 알아내기 어렵다. 이 경우, 사용하는 측은 완성된 종합적 장치를 구입해서 버튼을 누르는 것 만으로 최첨단의 생산을 할 수 있게 된다.

말아서 굽힌 캔(성형캔이 아닌 것)의 뚜껑을 일본에서 국산화 했던 시기에 제품 그 자체의 아이디어, 제품의 생산방법, 프레스기계 및 주변기기, 금형, 금형의 보수 기술 등의 전체를 일괄하여 미국기업에서 도입하였다.

52

금형은 종류에 따라서 가격이 크게 변한다

요점 BOX
• 유리금형은 간단해서 싸다.
• 금액이 큰 금형과 생산수가 많은 금형
• 금형 단독의 매출액을 알기 어렵다.

금형의 종류별 생산수 및 매출금액 비율표

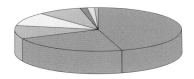

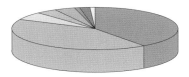

그림 1　금형의 종류별 생산수　　　그림 2　금형의 종류별 매출금액 비율

금형의 생산수와 매출

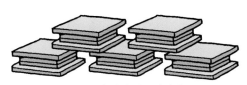

유리금형의 생산수는 많지만
매출액은 적다.

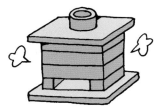

플라스틱금형의 생산수는
적지만 매출액은 많다.

53

생산 시스템으로서 판매

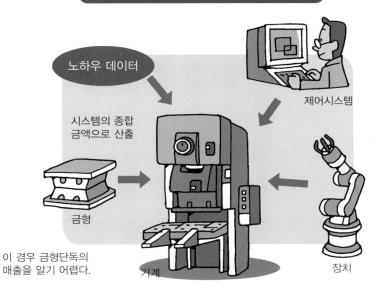

노하우 데이터

시스템의 종합
금액으로 산출

제어시스템

금형

이 경우 금형단독의
매출을 알기 어렵다.

기계

장치

20 금형 제작자에 필요한 기술과 기능

금형을 만드는 데는 전문분야의 폭넓은 지식과 많은 경험을 필요로 한다. 이 때문에 유럽, 미국, 아시아의 각국에서 금형제작자는 사회적으로 높게 평가하고 대우를 받고 있다. 일본에서도 종신고용과 연공서열에서 서서히 기업 내 전문직으로서 올라가고 있다.

금형제작관련의 기술자 및 기능자는 다음의 4가지 분야로 나누어진다.

① 생산기술: 금형으로 만들게 될 제품을 최적의 방법으로 생산하기 위하여 모든 내용에 대해서 기획과 작업지시를 한다. 금형에 대해서는 생산의 최적 사양을 지정한다.

② 금형설계: 금형의 구조 및 금형부품의 설계를 한다. 만들게 되는 금형의 전체적인 책임을 갖고 있다. 또 제작하기 쉽도록 고안하는 금형설계도 중요하다.

③ 기계가공: 금형부품의 대부분은 하나만 만들고 끝난다. 이 때문에 부품마다의 가공내용, 가공조건 등이 표기되어 있다. 기계가공자는 용도와 기능을 이해하고 가공한다. 기계가공은 공정에 맞추어 가공순서가 있고, 사용하는 기계도 다양하다. 후공정이나 조립할 때의 상황을 고려해서 최적으로 가공해야 한다. 그렇게 할 수 있는 것이 금형 제작자(전문가)이다.

④ 완성, 조립: 기계가공된 금형부품을 검사하고, 기계가공으로 할 수 없는 표면처리 등 마무리 완성작업(사상(仕上)이라고도 한다)을 한다. 조립은 미묘한 조정 및 수정작업을 추가하는 경우가 많다. 여기서 숙련된 기술과 다양한 경험이 필요하게 된다. 최근에는 입사해서 곧바로 각각의 분야에 배속되어 다른 분야를 경험하지 않고 그 부문의 전문직이 되는 예도 점차 늘어나고 있다.

금형 제작자는 여러 가지 전문 지식과 경험이 필요하다

요점 BOX	• 설계와 제작으로 나누어진다.
	• 제작은 기계가공과 완성, 조립으로 나누어진다.
	• 완성, 조립담당자는 숙련자가 많다.

금형을 가르치는 학교는 거의 없다

금형기술자 모식도

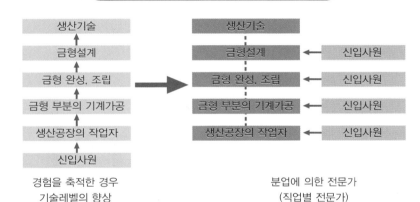

생산기술 ↑	생산기술
금형설계 ↑	금형설계 ← 신입사원
금형 완성, 조립 ↑	금형 완성, 조립 ← 신입사원
금형 부분의 기계가공 ↑	금형 부분의 기계가공 ← 신입사원
생산공장의 작업자 ↑	생산공장의 작업자 ← 신입사원
신입사원	

경험을 축적한 경우
기술레벨의 향상
(다기능자로서의 금형제작자)

분업에 의한 전문가
(직업별 전문가)

기능공과 금형제작자의 차이

55

금형은 보기 어렵다

본문에서도 서술하였지만, 금형은 일반 학교에서 배울 수도 없고, 상점에서 볼 수도 없고 살 수도 없다. 실제 금형을 보아도 단지 쇳덩어리로 보일 뿐이다.

금형 보관함에 보관되어 있는 금형을 보아도 크기나 모양이 비슷하고 어느 것이든 동일하게 보일 것이다. 그러나 모든 금형의 대부분은 이 세상에 하나 뿐이다.

금형을 사용하는 제품의 가공은 쇳덩어리 속에서 이루어지고 있고, 여기서 금형의 가치(역할)가 결정되며 밖에서 본 것 만으로는 알 수 없다.

전문의 금형제작자나 그 금형을 사용하는 사람도 실제 가공하고 있을 때의 내부의 상태를 볼 수 없다.

금형제작은 일반 사람이 눈으로 볼 수 없는 쇳덩어리 속에서 이루어지는 내용에 맞게 상상해서 설계를 하고 만드는 것이다. 같은 것으로 보이는 금형에서 전혀 다른 것이 계속해서 나오는 것은 마치 「마술주머니」와 같다.

앞으로도 금형제작은 지속적인 개발을 통해서 좋아하는 것을 언제든지 계속해서 나오게 하는 「마술주머니」가 될 것이다.

제 3 장

금형의 종류와 특징

21 구멍 뚫는 펀치를 보면 프레스 가공용 금형을 알 수 있다

서류 등의 종이에 구멍을 뚫는 펀치를 보면 프레스 가공용 금형의 구조와 원리를 거의 이해할 수 있다. 구멍 뚫는 펀치는 손으로 누르고 구멍을 뚫지만 금속을 뚫는 프레스 금형은 큰 힘으로 누를 필요가 있기 때문에 유압이나 모터로 구동하는 프레스 기계를 사용한다.

종이를 뚫는 펀치는 그림 1과 같은 구조로 되어 있다. 상하로 움직여서 구멍을 뚫는 둥근 봉과 같은 것이 프레스 금형에서는 펀치(punch)라고 한다.

펀치 밑에는 둥근 구멍이 있고 이 둥근 봉과 구멍 사이에서 종이를 뚫지만 이 구멍이 있는 쪽을 금형에서는 다이(die)라고 한다. 구멍을 뚫고 되돌아 올 때 종이를 펀치에서 떼어 내는 것과 펀치를 정확한 위치에 있게 하기 위하여 상측에도 둥근 구멍이 있는 얇은 판이 있다. 이것은 펀치에 붙은 재료를 떨어 뜨린다는 의미로 스트리퍼(stripper)라고 한다.

그림 2는 프레스 금형의 구멍 뚫는 금형이다. 구멍 뚫는 금형으로 가공에서 남은 쪽이 제품이고 작게 뚫어 떨어진 조각을 스크랩(scrap)이라 한다. 이와 같은 금형은 피어싱 금형(pierceing die)이라 한다. 같은 구조에서도 뚫린 쪽이 제품이 되고 남은 쪽이 스크랩이 되는 경우는 외형 뚫기 금형(또는 블랭킹 금형/blanking die)이라 한다.

프레스 가공용의 금형구조와 부품은 종이를 뚫는 펀치와 비슷하지만, 다음과 같은 다른 점이 있다.

① 가공하는 재료는 종이가 아니라 금속 판(철판)이다. 이 때문에 금형의 전체 구조는 튼튼하고 강하게 되어 있다.

② 재료와 가공 전의 제품 위치를 결정하기도 하고, 기계에 장착하기 위한 부품이 붙어 있다.

③ 구멍만 뚫는 것은 아니다. 프레스용 금형에는 이 외에 굽힘, 성형, 누름 등의 가공을 한다. 이들 금형은 펀치와 다이 사이에서 재료를 눌러 변형시켜 모양을 만드는 것이지만 기본적인 원리와 구조는 구멍 뚫는 펀치와 비슷하다.

양쪽 모두 같은 원리와 구조로 되어 있다

요점 BOX
• 종이의 구멍 뚫는 펀치와 금형의 비교
• 금속을 뚫는 프레스금형
• 그 외의 프레스 금형도 원리와 구조는 비슷하다.

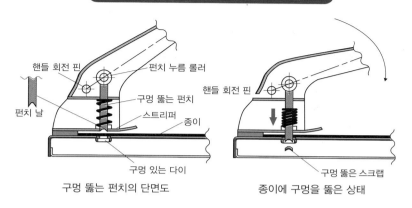

그림1 펀치와 종이의 구멍 뚫기

핸들 회전 핀
펀치 누름 롤러
펀치 날
구멍 뚫는 펀치
스트리퍼
종이
구멍 있는 다이
구멍 뚫는 펀치의 단면도

핸들 회전 핀
구멍 뚫은 스크랩
종이에 구멍을 뚫은 상태

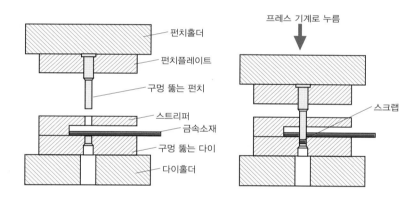

그림2 프레스금형과 구멍 뚫기

펀치홀더
펀치플레이트
구멍 뚫는 펀치
스트리퍼
금속소재
구멍 뚫는 다이
다이홀더

프레스 기계로 누름
스크랩

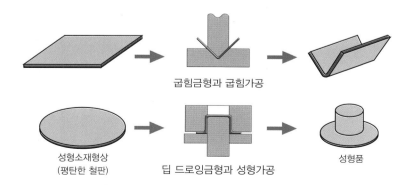

프레스금형과 성형 예

굽힘금형과 굽힘가공

성형소재형상
(평탄한 철판)
딥 드로잉금형과 성형가공
성형품

22 망치(햄머)에서 변화한 단조용 금형

철은 강도가 높고 마모가 쉽지 않기 때문에 청동에 비교하여 소재로서 이상적이다. 그러나 만드는 것도 가공하는 것도 힘든 것이 단점이다.

일본에서 철은 무로마치시대(室町時代)부터 본격적으로 양산하기 시작했다고 전해지고 있다. 만드는 방법은 사철(砂鐵)과 석탄을 섞어 넣고 발로 밟아서 바람을 불어 넣는 풍로로 긴 시간에 걸쳐 고온으로 환원시키는 방법으로 며칠 동안 서서히 철분만 바꾸는「타타라」라고 하는 로(爐)로 만들었다.

철은 용해하는 것만으로 유용하게 활용되는 것이 아니다. 필요한 것을 만드는 것은 쇳덩어리의 온도를 높여서 망치로 두드리면서 모양을 만드는 단조(鍛造)이다.

칼이나 철포(鐵砲), 농사용의 쟁기, 쇠스랑 등은 이와 같은 방법으로 만들었다.

그 후 1600년대 유럽과 미국의 기술인 용광로가 도입되어 철을 안전하게 녹여 걸러내는 것이 가능하게 되었다. 이 기술로 철의 성분을 자유로이 변화시킬 수 있게 되었고 성형하기 쉬운 제품용 강(鋼)과 내마모성이 높은 특수강 등도 만들어지게 되었다.

성형성이 좋은 제품용의 철(鐵)은 망치로 반복해서 두들기는 방법으로 강도를 높였다. 이것은 틀에 장착하여 여러 단계로 눌러서 성형하는 형단조(型鍛造)라는 방법으로 발전하였다. 이로 인해 고정밀도의 부품을 빠르게 성형할 수 있게 되었다.

형단조는 철을 높은 온도로 가열해서 가공을 하는 열간단조와 상온상태에서 가공하는 냉간단조가 있다.

단조는 단순히 모양을 만드는 것만이 아니고 철의 조직을 치밀하게 하면서 강해지는 효과도 있다. 이 특징을 살려서 가볍고 강하면서 정밀도가 높은 제품을 만들 수 있게 되었다.

원조 동네 대장간은 단조와 단조금형의

요점 BOX
- 철은 두들기면 모양을 바꿀 수 있다.
- 옛날의 철은 사철(砂鐵)에서 만들어졌다.
- 철은 높은 온도에서 가공하기 쉬워진다.

60

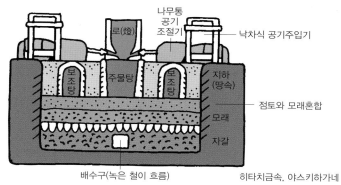

사철(砂鐵)에서 강을 만드는 타타라의 구조

나무통
공기
조절기

로(爐)

낙차식 공기주입기

보조탕

주물탕

보조탕

지하
(땅속)

점토와 모래혼합

모래

자갈

배수구(녹은 철이 흐름)

히타치금속, 야스키하가네

열간단조(熱間鍛造)의 효과

모양을 만든다.

불순물을 제거한다.

조직을 치밀하게 한다.

형단조(型鍛造)의 예

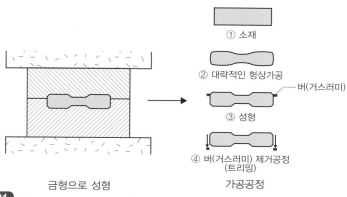

① 소재

② 대략적인 형상가공

버(거스러미)

③ 성형

④ 버(거스러미) 제거공정
(트리밍)

금형으로 성형

가공공정

용어해설

단조: 금속은 두들기면 조금씩 변형(횡방향/퍼짐)된다. 이것을 금속의 전성(展性) 또는 연성(延性)이라고 한다. 이 작업을 반복하여 서서히 전체의 모양을 변형시킨다.

23 붕어빵과 플라스틱성형 금형

우리가 잘 아는 붕어빵은 붕어 절반의 모양을 한 짝으로 된 두 틀에 밀가루 반죽과 단팥의 속을 넣고 닫은 후 가스 불로 가열해서 굽는다.

플라스틱 성형금형은 짝이 되는 2개의 금형(내측과 외측 또는 코어와 캐비티)을 닫힌 상태에서 그 속에 녹인 플라스틱을 주입하여 만든다. 플라스틱 제품을 보면 반드시 2개의 금형을 조합(맞춘)한 이음선(분할선)이 보인다. 붕어빵도 정밀도가 나빠 모양이 어긋나 있기도 하다. 또한 맞춤 부분에 얇게 흘러나온 버(burr/거스러미)도 있다. 플라스틱 금형도 정밀도가 떨어지면 똑같이 거스러미가 생긴 제품이 나온다. 실제의 금형은 정밀도 좋은 제품을 빠르고 많이 만들기 위하여 다음 사항에 주의해서 만들고 있다.

① 한 쌍의 금형을 같이 밀착시켜 놓고 그 속에 녹은 재료를 큰 압력으로 흘려보낸다. 이렇게 재료를 흘려 보내기 위한 통로를 금형 안에 만든다.

② 제품의 형상을 만드는 부분은 높은 정밀도로 모양을 만들고 표면은 매끈하게 만든다. (제품의 표면이 되는 부분은 수작업으로 고광택 연마를 한다.)

③ 맞춤면이 어긋나지 않도록 가이드(또는 가이드 포스트)를 장착한다.

④ 제품을 금형에서 취출하기 쉽도록 수직 부분은 작게 경사각을 준다. (빼기구배)

⑤ 금형으로 계속해서 제품을 성형하면 금형의 온도가 올라가므로 너무 올라가지 않도록 금형 안에 물을 흘려보내서 냉각시킨다. (냉각라인)

⑥ 맞춤 부분에 틈새가 생기지 않도록 강한 압력으로 밀착시킨다.

⑦ 울퉁불퉁(凹凸)한 제품은 이 부분에 슬라이드 코어를 만들어 옆(횡방향)으로 빠지게 한다.

이와 같은 제품은 그대로 취출할 수 없기 때문에 캠(cam) 등으로 금형부품을 옆(횡방향)으로 이동시킨다. (프레스에서는 캠 금형)

요점 BOX
- 금형의 모양을 제품형상으로 한다.
- 제품의 양방향에 맞추어 금형을 2개로 분할한다.
- 재료의 주입방법이 다르다. (붕어빵과 플라스틱 금형)

붕어빵용 틀은 플라스틱성형 금형과 비슷하다

틀에 의한 붕어빵 굽기

붕어빵 굽기의 원리

양쪽 틀에 재료를 넣는다.   접어서 닫는다.   열어서 꺼낸다.

플라스틱성형 금형과 가공 원리

고정측

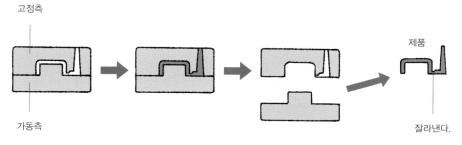

제품

가동측

잘라낸다.

금형을 닫는다.   녹은 재료를 주입한다.   금형을 열어서 제품을 꺼낸다.

24 고무 풍선과 같이 부풀려 (팽창시켜)서 만드는 금형

페트(PET)병이나 유리병은 모양을 보면 고무풍선과 비슷하다고 생각되지 않는가? 특징은 안이 텅 비어있고 입구보다 몸통(안)이 크고 몸통 두께가 얇다는 것이다.

일반 금형에서 제품을 성형하는 방법은 한 쌍의 금형을 한 쪽은 고정하고, 다른 한 쪽은 왕복을 시킨다.

컵 형상 제품의 경우는 외측을 성형하는 측과 내측을 성형하는 측을 한 짝으로 해서 한 쪽을 왕복시킨다. 이것은 제품을 빼내기 위한 것이지만, 입구보다 몸통이 크면 내측의 금형은 제품에서 나올 수 없다. 이 때문에 이와 같은 제품을 일반적인 금형으로 만들 수 없다.

이와 같은 경우에 사용되는 블로우(blow) 성형금형이 있다. 블로우 성형금형은 외측만 있고 내측은 텅 비어 있다. 텅 빈 곳에 풍선처럼 압축공기를 불어 넣어서 부풀린다. 가공한 제품은 금형을 열어서 꺼낸다.

금형을 사용하지 않고 녹은 유리를 파이프 끝에 붙여서 입으로 불면서 부풀려서 꽃병을 만드는 유리공예 제작현장을 본 적이 있는가?

이들 방법을 기계와 금형으로 하면 외형이 다양한 유리병이나 전구를 일정 형상과 치수로 만들 수 있다.

페트병은 고무풍선과 같이 얇고 가운데가 빈 둥근모양의 재료(preform)를 부풀려서 만든다.

금속의 경우는 파이프 형상의 재료를 금형 속에 넣고 양방향에서 압축하여 닫으면서(밀봉하면서) 고압의 유압으로 부풀린다. 이것을 벌징(bulging) 성형 또는 하이드로 포밍(hydro forming)이라 하고 중간에 볼록하게 부풀려진 제품을 만들 수 있다.

자동차의 구조 부품은 가벼우면서 강도를 확보하기 위하여 2개의 부품을 용접해서 가운데가 빈 중공형상으로 된 것이 많다. 이들 부품을 벌징 성형으로 만들면 더욱 가벼우면서도 강도가 높은 부품이 된다.

입구보다 몸통이 큰 용기를 만든다

요점 BOX
- 압축공기로 부풀린다.
- 일반 금형에서는 내부의 부품을 뺄 수 없다.
- 금속은 유압이나 고무로 부풀린다.

블로우 성형에 의한 유리병과 페트병

풍선을 부풀린다

부풀어 오른다.

분다.

블로우 성형금형과 가공의 원리

금형 1   금형 2

제품

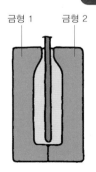
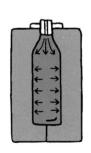
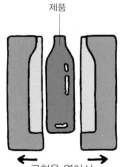

금형을 닫고 예비성형품
(preform)의 재료를 넣는다.

중앙에서 압축공기로
부풀린다.

← 금형을 열어서 →
제품을 꺼낸다.

용어해설

벌징 성형: 용기형상 또는 파이프형상의 소재에 내측에서 유압 등에 의한 힘을 가해서 부풀리는 성형을 말한다.

25 금형의 경제성

금형을 사용한 생산은 균일한 것을 대량으로 빠르고 싸게 만들 수 있다. 그러나 제품을 만들기 전에 금형을 만들지 않으면 안 된다. 여기서 많은 시간과 비용이 필요하다. 이에 비해 절삭가공 등은 직접 제품을 가공할 수 있지만, 하나를 만드는 데 드는 시간과 비용은 금형을 사용하는 경우보다 훨씬 많이 필요하다.

절삭가공 등에서 만드는 경우의 원가는 재료비와 가공비뿐이다. 이에 비해서 금형을 사용한 생산의 경우 원가는 다음과 같다.

재료비+가공비+금형 감가상각비

금형 감가상각비는 금형제작비를 총 생산수량으로 나눈 것이므로 생산수량이 많으면 상당히 작아진다. 예를 들어 1,000만 원의 금형으로 50만 개 만들면 1개당 가격은 20원이지만, 4만 개만 생산하면 250원이다.

이상과 같이 금형을 사용하는 경우와 직접 절삭가공 등으로 만드는 경우의 비교는 다음과 같이 말할 수 있다.

금형을 사용하는 경우는 어느 정도의 생산수량이 필요하고 생산수량이 적은 경우는 생산단가가 높게 된다. 생산수량이 적은 경우의 금형은 생산성이나 수명보다도 금형을 싸게 만들 필요가 있다. 생산수량이 많은 경우는 금형제작비가 높게 되더라도 생산성이 좋고 수명이 긴 금형의 경우가 좋다고 할 수 있다.

이와 같은 결과에서 같은 제품을 만드는 금형에서도 내용과 가격은 크게 변한다. 금형은 제작할 때의 가격이 아니고 사용이 끝났을 때의 가격으로 결정된다.

가격이 저렴하지만 질이 떨어지는 금형을 제작하게 되면 생산 중에 문제가 반복해서 발생하고 수리도 반복하게 되고 품질도 안정되지 않는다. 금형을 잘 모르면 기업이나 사람에 따라서 금형의 효율성 증대를 위한 관리의 결과가 전혀 다르게 나타날 수 있다.

금형을 사용하는 경우
금형제작비가 든다

요점 BOX
- 금형을 사용하지 않는 경우가 좋을 때도 있다.
- 제품을 많이 생산할수록 싸게 된다.
- 금형의 가격을 겉으로는 알 수 없다.

금형을 사용하지 않는 경우와 사용하는 경우의 차이

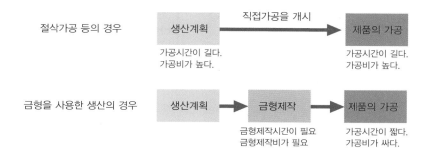

절삭가공 등의 경우

생산계획 — 직접가공을 개시 → 제품의 가공

가공시간이 길다.
가공비가 높다.

가공시간이 길다.
가공비가 높다.

금형을 사용한 생산의 경우

생산계획 → 금형제작 → 제품의 가공

금형제작시간이 필요
금형제작비가 필요

가공시간이 짧다.
가공비가 싸다.

금형비와 가공비의 비율

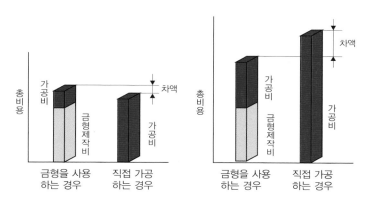

생산량에 의한 제품 1개당의 금형 감가상각비

50만 개 생산의 경우

금형제작비
1000만 원

생산량
50만 개

제품 1개당의
금형비 = $\dfrac{1000만\ 원}{50만\ 개}$ → 제품 1개당
20원 금형비

4만 개 생산의 경우

금형제작비
1000만 원

생산량
4만 개

제품 1개당의
금형비 = $\dfrac{1000만\ 원}{4만\ 개}$ → 제품 1개당
250원 금형비

26 금형에는 다이(프레스금형)와 몰드(사출금형)의 그룹이 있다

금형을 크게 구분하면 프레스금형과 사출금형으로 나누어진다. 옛날에는 금형의 대부분이 금속 프레스용이었고 그것을 다이라고도 했다. 그후 사출의 플라스틱성형용 금형이 증가하였고 다이의 일부로 생각하였지만 제품의 소재, 가공의 원리 및 금형구조 등이 크게 차이가 있다. 따라서 프레스금형과 사출금형으로 구분하면 금형을 이해하기 쉽다.

프레스금형 그룹에는 얇은 철판을 여러 가지 모양으로 자르고 뚫고 성형하는 금속 프레스용 금형, 금속의 벌크(bulk) 소재를 눌러서 성형하는 단조금형, 큰 판을 부분적으로 자르고 굽히는 판금용 금형 등이 있다. 이 그룹의 금형은 금속판 또는 금속의 벌크(bulk/쇳덩어리) 소재에 큰 힘을 가해서 서서히 변형시키고 최종의 형상을 만들기까지 많은 공정을 필요로 하는 특징이 있다.

대부분의 가공은 상온에서 이루어지고 공정이 나누어져 있기 때문에 가공속도가 빠르다. 금속 프레스 가공에서 1분에 1,000개 이상 생산하는 것도 있다.

사출금형 그룹의 대표는 플라스틱성형용이고, 이외에 금속을 녹여서 성형하는 다이캐스트용, 유리용, 고무용, 금속가루를 금형 안에서 눌러 굳히고 가열해서 소결하는 분말성형 등이 있다. 이 그룹에는 재료에 열을 가하기도 하고, 분말상태로 압력을 가해서 단번에 최종형상을 만든다. 가공의 원리도 금형의 구조도 공통되는 부분이 많고 비슷하다.

열을 가하기도 하고 냉각시키기도 하기 때문에 프레스에 비교해서 가공 속도는 낮지만, 하나의 금형으로 다수의 제품(여러 캐비티)을 만들 수 있다.

사출금형에서는 프라모델과 같이 여러 개의 다양한 부품이 있는 경우에는 하나의 금형에서 여러 개의 부품을 만들 수 있다.

많은 공정으로 되어 있는 프레스금형과 한 공정의 사출금형

요점 BOX
- 프레스금형 그룹과 사출금형 그룹
- 같은 그룹의 금형은 상당히 비슷하다.
- 성형은 상온에서 하는가? 가열을 하는가?

금형의 종류

금형		
프레스(press) 그룹	프레스금형(박판가공용) 단조금형(열간, 온간, 냉간) 전용금형(판재가공용, 각종 전용기용) 금속 이외의 시트(sheet)소재용 금형 (종이, 가죽, 기타)	
몰드(mold) 그룹	플라스틱 사출성형금형 플라스틱 압축성형금형 다이캐스트금형 유리금형 고무금형 분말성형금형 2중성형금형(금속부품 삽입 후 성형)	

프레스다이에 의한 가공의 예

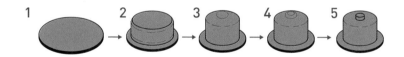

1 → 2 → 3 → 4 → 5

제품형상
모터케이스

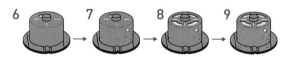

6 → 7 → 8 → 9

각 공정의 형상
각 공정별로 금형이 필요(위 예는 9공정에 9개 금형)
공정별로 형상이 크게 바뀐다.

몰드의 제품과 금형의 형상

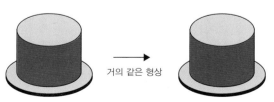

거의 같은 형상

제품형상

금형의 형상
공정과 금형은 한 개뿐

27 프레스금형의 기능과 구조

프레스금형의 특징은 하나의 제품을 만드는 데 여러 공정이 필요하다는 것이다. 그림은 원통 제품을 가공하는 성형 공정용 금형(deep drawing/딥 드로잉)이고, 다음과 같은 기능과 부품이 있다.

① 가공 전의 소재 위치를 결정한다.

② 형상을 가공한다.

제품의 내측은 펀치에 접촉되고 외측은 다이에 접촉되어 펀치로 누르면서 가공(성형)한다. 재료는 펀치와 다이 사이의 틈으로 유입된다. 다이의 각은 재료가 흘러들어 가기 쉽도록 원호형상이다.

③ 주름을 방지한다.

평탄한 판을 그대로 원통형으로 누르면 바깥에 꽃 모양(왕관)의 주름이 발생한다. 이것을 방지하기 위하여 재료를 판 두께 방향으로 누르면서 가공한다. 이것이 주름방지(억제)의 블랭크홀더(blank holder)이고 압력원은 쿠션핀 또는 스프링 등을 사용한다. 프레스 기계에 쿠션장치가 있는 경우는 압력원으로 쿠션핀을 사용하고, 없는 경우에는 스프링, 우레탄, 가스 스프링 등을 사용한다.

④ 금형 속의 제품을 꺼낸다.

가공이 끝난 제품은 금형 속에 남아있기 때문에 이것을 꺼내는 데 노크아웃 등을 사용한다. 노크아웃은 프레스기계의 노크아웃바로 눌려져 있다.

⑤ 가동측 금형(상형)의 위치를 고정측 금형(하형)에 정확하게 맞춘다. 금형의 상호 위치를 유지하기 위하여 봉 형상(모양)의 가이드 포스트 및 원통 형상(모양)의 부싱을 사용한다.

⑥ 프레스기계에 장착한다.

프레스기계에 금형의 위치를 결정하기 위하여 생크(shank) 또는 위치 결정용 부품이 부착되어 있다. 프레스기계에 고정은 펀치홀더 및 다이홀더를 볼트 또는 전용체결기구(클램프)로 고정한다. (소형금형은 생크만으로 고정하기도 한다)

가공 이외에도 여러 가지 역할이 있다

| 요점 BOX | • 금형별로 필요한 기능과 부품
• 주름을 방지하기 위한 부품도 있다.
• 금형부품을 유지(고정)하기 위한 부품도 필요하다. |

펀치와 다이만으로 가공하면 주름 투성이가 된다

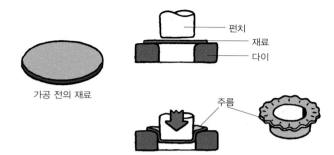

펀치
재료
다이

가공 전의 재료

주름

주름을 누르거나 제품 취출 등의 부품이 장치되어 있다

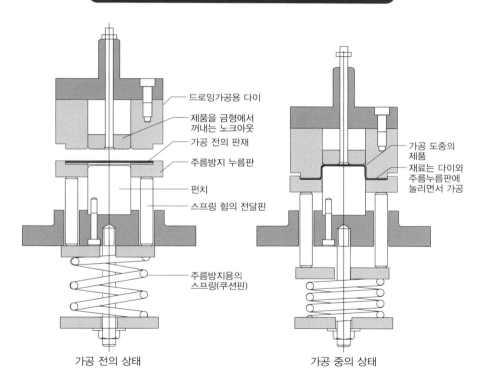

드로잉가공용 다이

제품을 금형에서
꺼내는 노크아웃

가공 전의 판재

주름방지 누름판

펀치

스프링 힘의 전달핀

주름방지용의
스프링(쿠션핀)

가공 전의 상태

가공 도중의
제품

재료는 다이와
주름누름판에
눌리면서 가공

가공 중의 상태

용어해설

주름누름판: 가공 전의 판(블랭크)을 지탱하므로 블랭크홀더라 한다. 드로잉가공 등의 경우 주름발
생을 방지하기 위하여 재료를 다이와 주름누름판 사이에서 가공한다.

노크아웃: 공이 끝난 후 금형(다이) 속에 있는 제품을 밀어내는 장치

28 프레스금형의 종류와 특징

프레스 금형은 얇은 판재를 사용해서 여러 가지 형상을 가공한다. 가공 내용은 다음과 같이 5종류가 있고, 각각의 가공 내용별로 전용의 금형이 있다.

① 전단(트리밍)가공–전단(트리밍)금형
② 굽힘가공–굽힘금형
③ 성형가공–성형금형(1단계성형/1회성형)
④ 딥 드로잉가공–딥 드로잉금형(여러 단계에 걸쳐서 성형이 완성된다)
⑤ 압축가공–압축금형

전단(트리밍)가공은 큰 판재에서 제품의 외형이나 구멍을 뚫는 가공이다. 이것을 위한 금형을 트리밍금형이라 한다. 굽힘가공은 제품의 일부분 또는 전체적으로 굽히는 가공을 말한다. 이것을 위한 금형을 굽힘금형(밴딩금형)이라 한다. 성형가공은 돔형상, 원통형상, 깊이와 모양을 갖는 모든 것을 총칭하는 성형가공이다. 이것을 위한 금형을 성형금형이라 한다. 딥 드로잉가공은 음료수 캔처럼 깊은 제품을 여러 단계에 걸쳐서 성형하는 가공을 말한다. 이것을 위한 금형을 딥 드로잉금형이라 한다. 압축가공은 제품의 일부분에 힘을 가해서 두께를 얇게 하거나 국부적 형상을 만드는 가공을 말한다. 이것을 위한 금형을 압축금형이라 한다. 각각의 가공공정은 가공내용별로 구분되고 각각의 특징에 맞는 프레스와 금형으로 가공한다. 프레스 가공물 중에는 가공(공법)이 난해하여 여러 공정으로 나누어서 해결하는 경우가 있다. 다음의 두 가지 방법(금형)이 대표적이다.

• 트랜스퍼(Transfer) 금형: 한 대의 프레스에 몇 개의 금형을 나열하거나 여러 대의 프레스로 각각의 공법에 맞추어 단계별로 자동 이송하며 가공하는 금형을 말한다.
• 순차이송(Progressive) 금형: 한 금형에 많은 공정(단계)을 배열해서 띠 모양의 소재(롤판재)를 연속적으로 이송하며 가공하는 금형을 말한다.

프레스 가공법에는 5종류의 방법과 금형이 있다.

요점 BOX
• 가공법에 의해 금형의 구조도 바뀐다.
• 압축가공은 단조가공과 비슷하다.
• 자동가공의 방법과 금형의 구조

각종 가공법과 금형

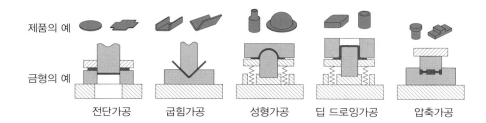

제품의 예

금형의 예

전단가공　　　굽힘가공　　　성형가공　　　딥 드로잉가공　　　압축가공

1대의 기계에 한 금형을 장착한 예

73

1개의 금형으로 순차이송가공을 진행하는 예 (프로그래시브금형)

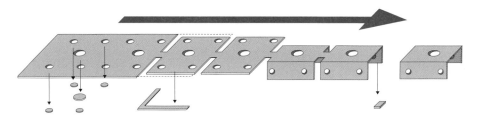

구멍뚫기　빈 구간　외형의 일부를 커트　빈 구간　굽힘　빈 구간　트리밍　제품

용어해설

트랜스퍼가공: 재료에서 블랭크를 준비하여 이것을 전용장치로 이송하면서 각 공정을 자동으로 순차 가공한다.

순차이송가공: 순차이송 또는 프로그래시브금형을 사용하여 긴 재료를 계속 이송(공급)시켜서 여러 공정을 자동으로 가공한다.

29 프레스금형을 사용한 제품의 생산

프레스가공을 하는 전체 설비는 우측 위의 그림과 같다. 프레스가공 중에서도 더 생산성이 높은 순차이송가공의 경우는 우측 밑의 그림과 같다.

프레스기계는 슬라이드라고 하는 장치가 있고 이것이 일정의 거리를 상하 왕복한다. 상형을 이 슬라이드에 장착해서 상하로 왕복시키고 하사점(下死點) 부근에서 가공을 한다.

자동가공의 경우는 프레스 슬라이드가 위쪽에 있는 동안에 재료를 이송한다. 길이가 긴 재료는 감겨있는 상태로 있다. 이것은 운반과 보관할 때 장소를 차지하지 않게 하기 위해서이다.

이렇게 감겨있는 재료를 롤러재료 전용기(언코일러)에 장착한다. 재료는 감겨있는 모양으로 굽혀져 있기 때문에 레벨러는 이송장치의 앞에서 완곡의 반대로 몇 번을 반복 관통시켜서 직선화한다. 그 후에 재료를 롤러피더 등의 이송장치로 일정량(같은 피치)을 금형에 보낸다.

재료가 정지되어 있을 때 가공을 하고, 바로 금형이 열리면서(프레스 슬라이드가 상승) 재료를 한 피치 이송한다. 또 가공이 끝난 스크랩은 절단하기도 하고 감기도 한다.

이것을 하나의 전용라인으로 한 것이 우측 밑의 그림과 같은 프레스 가공라인이다.

하형 위에 제품이 남아있는 경우는 취출 장치(로봇 또는 핑거)를 이용해서 꺼낸다. 프레스가공은 제품과 금형 간에 마찰이 발생하고 열이 발생해서 눌러 붙는 상태가 발생하기도 한다. 이것을 방지하기 위하여 금형에 들어가기 전에 재료의 표면에 윤활을 한다. 따라서 프레스에는 필요에 따라서 사용하는 윤활유와 윤활장치도 있다.

또한 문제가 발생하는 경우, 이것을 검출해서 기계를 멈추게 하는 센서도 금형 또는 프레스 기계에 설치되어 있다.

프레스기계와 기타 장비를 사용하여 생산한다

요점 BOX
- 프레스가공용 기계와 금형의 관계
- 재료의 공급장치와 금형
- 제품이나 스크랩을 빼내는 장치(취출장치)와 금형

프레스가공에 필요한 장치

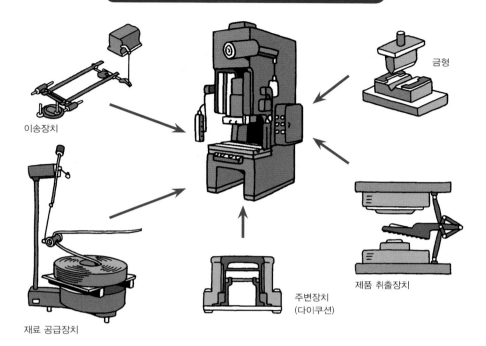

이송장치

금형

재료 공급장치

주변장치
(다이쿠션)

제품 취출장치

순차이송(프로그래시브) 가공용 프레스 가공라인

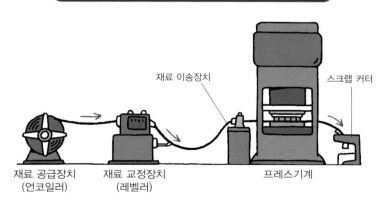

재료 이송장치

스크랩 커터

재료 공급장치
(언코일러)

재료 교정장치
(레벨러)

프레스기계

용어해설

슬라이드: 프레스기계의 일부이고 상형을 장착해서 상하로 왕복운동한다. 이 왕복운동에서 가공한다.
언코일러: 감겨있는 소재를 원통형상의 전용기 축에 걸어서 회전시키며 재료를 이송하는 장치
롤러피더: 재료공급장치로 한 방향으로만 일정한 각도로 회전시켜서 재료를 정해진 양만큼 이송하는 장치

30 단조용 금형의 구조와 특징

금속을 가공하는 금형 중에서 프레스가공용 금형은 대부분이 얇은 판재를 성형해서 제품을 만든다. 이 때문에 완성된 제품은 복잡한 형상을 하고 있어도 단면은 얇은 판 상태로 두께 변화가 거의 없다. 이에 대하여 단조(鍛造)는 금속 덩어리를 압축하여 성형하기 때문에, 가공 후의 제품 단면의 두께가 균일하지 않다. 단조금형에서 금속에 가해지는 압력은 매우 크기 때문에 금형도 이에 견딜 수 있는 강도와 구조가 필요하다. 예를 들어 매우 큰 압력에 견딜 수 있도록 성형 부위에 인서트(insert)한 블록(block)의 바깥을 링으로 조임 고정한다.

이것은 나무통을 묶는 금속테나 대나무와 같은 역할을 한다. 또한 더 많이 사용하는 방법으로 상형과 하형에 턱을 만들어 서로 맞물림으로 성형 압력에 의한 벌어짐(또는 깨짐)을 방지한다. 펀치도 가늘면 휘어지므로 일정한 부분은 강하도록 테이퍼 구조로 제작한다.

단조가공은 재료를 높은 온도로 가열하는 열간단조(熱間鍛造), 실온(室溫)의 상태에서 가공하는 냉간단조(冷間鍛造) 및 중간온도(재결정 이하온도)에서 가공하는 온간단조(溫間鍛造)가 있다. 이러한 조건에 맞게 금형을 제작하여 사용한다. 단조에 사용되는 소재는 대부분이 철이다. 철은 온도를 높게 할수록 변형시키기 쉽지만 가공 정밀도는 나빠진다. 단조로 만든 제품은 같은 크기나 무게에 비해서 강도가 높다. 따라서 자동차의 동력을 전달하는 구동부품, 공구, 귀중품 보관함, 운반용 부품 등에 사용된다.

금형으로 단조하는 경우 밀폐한 상태에서 가공소재의 도피처가 없는 경우에는 압력이 높아 위험하므로 금형의 일부에 틈을 만들어 공기 등을 배출시킨다. 이 틈에서 버가 생기므로 가공 후에 프레스가공으로 잘라내거나 절삭가공을 한다.

단조가공은 가공속도가 느릴수록 가공은 용이하고 금형 및 기계에 걸리는 저항이 작아진다. 이 때문에 가공용 기계는 가공할 때에만 속도를 느리게 할 수 있도록 너클기구나 서보모터를 사용한다.

요점 BOX
- 금형에는 상당히 큰 힘이 걸린다.
- 큰 힘에 견디는 구조와 재료
- 밀폐 상태에서의 가공은 위험하다.

단조용 금형은 강하고 튼튼하다

76

프레스가공과 단조가공의 차이

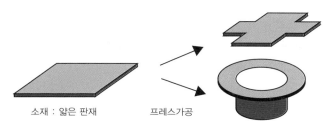

소재 : 얇은 판재　　　　프레스가공

제품 예 : 단면은 얇은 판

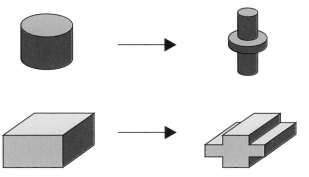

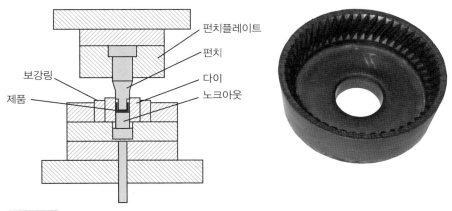

소재 : 금속블럭(벌크용 소재)　　　단조가공　　　제품 예 : 단면 모양은 다양함

냉간단조용 금형

펀치플레이트
펀치
보강링
다이
제품
노크아웃

냉간단조로 만든 제품 예

용어해설

서보모터 프레스: 서보모터로 구동하는 프레스기계로 가공속도를 임의 위치에서 자유롭게 구동시킬 수 있다.

31 플라스틱성형금형의 기능과 구조

플라스틱성형금형에는 다음과 같은 기능이 필요하다. 다른 성형금형도 거의 비슷한 기능과 구조로 되어 있다.

① 제품을 성형한다.

제품이 용기상태인 경우, 외측의 성형부를 캐비티(cavity), 내측의 성형부를 코어(core)라고 한다. 제품은 캐비티와 코어 사이의 공간에 재료를 주입해서 만들어진다.

② 재료를 성형부로 흘려보낸다.

재료는 처음 스푸루 부시(sprue bush)를 통해서 런너(runner)에 흘러서 게이트(gate)를 통해서 성형부(제품)에 채워진다.

③ 제품을 금형의 성형부에서 떼어낸다.

제품을 밀어내는 이젝터 핀(ejector pin)과 이것을 작동시키는 이젝터 플레이트(ejector plate)가 있다. 플라스틱 제품의 뒤를 보면 둥근 핀의 자국이 있다.

④ 금형을 냉각시킨다.

금형에 구멍을 뚫어서 그 속에 냉각수를 보낸다. 이 냉각 구멍과 구멍은 호스 또는 파이프로 연결되어 있다.

⑤ 금형의 가동측과 고정측의 위치를 정확하게 결정한다.

금형의 한쪽 방향에는 가이드핀을 설치하고, 다른 방향에는 원통형 부시를 설치해서 금형이 열리고 닫힐 때 정확한 위치결정을 한다.

⑥ 성형기의 정확한 위치에 고정한다.

고정측에는 원형의 로케이트링(locate ring)이 있다. 이 로케이트링과 성형기계의 노즐을 일치시킨다. 금형과 사출성형기계에는 금형을 고정할 수 있도록 별도의 고정부분도 만들어져 있다.

⑦ 제품 중에는 돌출형상(또는 요철/凹凸)이 있는 것도 있다.

이 돌출 부분은 슬라이드 코어(slide core)를 적용해서 제품을 뺄 수 있도록 한다. 슬라이드 코어는 슬라이드 핀을 경사지게 설치해서 가동시키거나, 슬라이드 코어 자체를 경사면 접촉방법을 사용하기도 한다. 이것은 프레스 금형의 캠(cam)과 같은 원리이다.

용융시킨 플라스틱 재료를 금형에 주입하여 성형한다

요점 BOX
• 성형부까지 흘려보내는 통로가 필요하다.
• 횡방향 또는 경사방향으로 움직이는 부품도 있다.
• 금형에서 제품을 밀어내는 부품

플라스틱금형

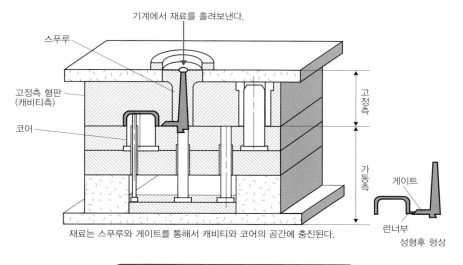

기계에서 재료를 흘려보낸다.

스푸루

고정측 형판
(캐비티측)

코어

고정측

가동측

게이트

런너부
성형후 형상

재료는 스푸루와 게이트를 통해서 캐비티와 코어의 공간에 충진된다.

금형이 열린 상태

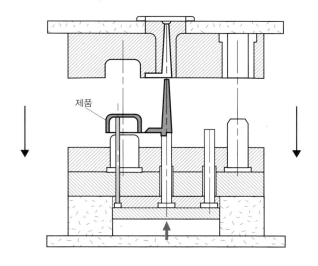

제품

플라스틱 성형품의 예

이젝터핀으로 눌러서
자국난 둥근 모양

32 플라스틱 사출성형과 금형

플라스틱성형은 플라스틱을 용융시켜서 흘려보내는 사출성형과 분말 가루를 압축해서 열을 가해 굳히는 압축성형 등이 있다. 압축성형은 극히 일부이고, 대부분이 사출성형과 금형이다. 우측 위의 그림은 사출성형기와 그 구조를 나타낸다.

사출성형기는 금형을 수평으로 이동시키는 수평형과 수직으로 이동시키는 수직형이 있다.

프레스기계와 다르게 대부분의 기계는 수평이동이다. 이것은 재료의 투입에서 금형까지 거리가 길기 때문에 성형 후의 제품을 쉽게 취출하기 위해서이다.

플라스틱의 종류는 상당히 많고 폴리에틸렌, 폴리염화비닐, 폴리스틸렌 등이 있다. 이들 재료는 쌀보다 약간 큰 입자로 만들어져 있고 이것을 펠렛이라고 한다.

이 재료를 호퍼에 부어 넣고 일정량씩 보내고 가열시켜서 유압 램 또는 스크류로 금형 속에 밀어 넣는다.

사출성형기의 부속장치에는 다음과 같은 것이 있다.

① 금형을 냉각시키는 냉각수 순환장치
② 공급 전의 재료를 건조시키는 건조기
③ 호퍼(hopper)에 플라스틱 재료를 넣는 공급장치
④ 제품 및 금형 속에 남아있는 재료를 빼내는 장치
⑤ 제품의 이송장치
⑥ 제품 이외의 부분 및 불량품을 잘게 분쇄해서 재사용하는 분쇄기 (분쇄장치)

사출성형은 기계 및 금형 등의 성형에 적합한 온도까지 가열하는 데 많은 시간과 에너지를 소모한다. 이 때문에 성형을 시작하면 24시간 연속생산하는 것이 보통이고 무인 자동생산을 필요로 한다. 그러므로 금형 관련 작동부분은 높은 신뢰성을 필요로 한다.

사출성형기와 금형의 공동 작업으로 제품을 만든다

요점 BOX
· 재료에도 여러 가지 종류가 있다.
· 금형 안에서 냉각시키고 굳힌다.
· 재료는 기계에서 가열시키고, 금형에서 냉각시킨다.

사출성형기

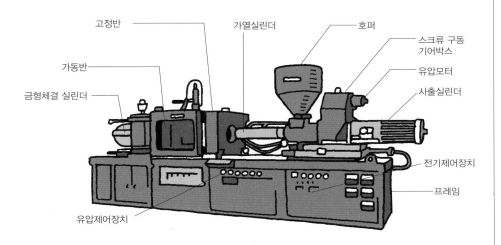

고정반
가열실린더
호퍼
스크류 구동 기어박스
유압모터
사출실린더
가동반
금형체결 실린더
전기제어장치
프레임
유압제어장치

사출성형기의 구조

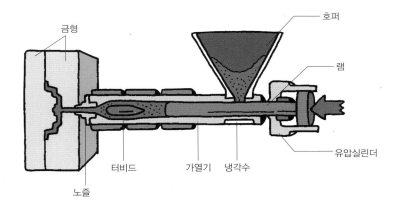

금형
호퍼
램
유압실린더
터비드
가열기
냉각수
노즐

금형체결의 예

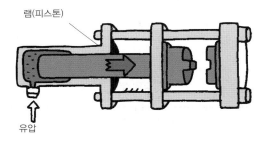

램(피스톤)
유압

33 다이캐스트와 다이캐스트금형

다이캐스트는 주로 알루미늄, 아연, 구리 등 비교적 낮은 온도에서 녹는 재료를 금형에 흘려보내 주조하는 방법이다. 다이캐스트라고 하는 말의 의미는 처음의 다이(die)는 금형을 뜻하고 뒤의 캐스트(cast)는 주조를 의미한다. 최근에는 자동차의 엔진본체(실린더 블럭)도 알루미늄합금제가 많고 다이캐스트로 제작된다.

다이캐스트와 금형은 플라스틱 사출성형과 비슷하지만 다음과 같은 특징이 있다.

① 제품의 소재는 금속이다.

금속을 녹이는 장치와 금형을 냉각시키는 장치가 필요하다. 플라스틱에 비해서 금속은 높은 온도와 압력이 필요하기 때문에 장치와 구조가 중요하다.

② 금형에는 용탕을 만든다.

금형은 재료를 흘려 보내는 주입구(鑄入口)와 반대의 위치 또는 제품이 얇아 재료가 흘러가기 어려운 부분에 용탕을 만들어 이곳에도 재료를 채운다. 이와 같이 산화하기도 하고 냉각되어 흐르기 어려운 부분에 보충하여 깨끗한 제품 표면을 얻을 수 있다. 작은 제품이나 형상이 단순한 것은 용탕이 필요없다.

③ 공기 빼기

플라스틱 금형보다 더 많은 공기를 빼야하는 주의가 필요하다.

④ 인서트 성형과 부품의 고정과 유지

다이캐스트에서 주조하는 재료와 다른 재질의 부품을 금형 내부에 삽입하고 일체형으로 성형하는 방법이 있다. 이 경우는 금형 내에 부품을 정확한 위치에 유지(고정)시키는 것이 중요하다.

⑤ 트리밍 또는 버 제거

성형 후에 발생한 버와 용탕을 잘라내기 위하여 프레스의 트리밍 가공과 같은 방법으로 제거하기도 하고, 그라인더로 버를 제거하기도 한다.

낮은 온도에서 녹는 금속재료를 주조한다

요점 BOX
• 플라스틱 성형과 비슷하다.
• 불필요한 부분을 제거한다.
• 금속을 금형에서 냉각하여 굳힌다.

82

다이캐스트금형의 예

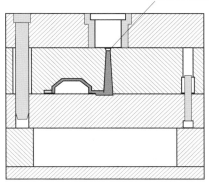

이곳에서 재료를 흘려 보낸다.

금형에서 나온 상태

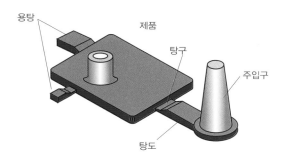

용탕

제품

탕구

주입구

탕도

필요없는 부분 제거

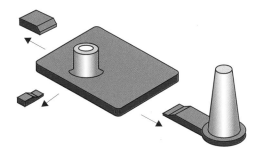

용어해설

런너: 용융한 소재를 캐비티까지 유동시키는 통로이고, 제품의 형상, 재질 및 제품 1개에 필요한 양 등에 따라서 모양과 크기를 정한다.

게이트: 가공 후의 제품과 남은 재료를 분리하기 쉽도록 하기 위한 장치. 제품 형상부에서 약간 앞에 설치한다.

스푸루부싱: 사출성형기의 노즐과 금형을 정확히 접합하기 위한 부품이고 녹은 재료가 누설되지 않도록 한다.

34 고무성형과 금형

금형을 이용한 고무성형은 옛날부터 행하여 왔고, 대표적인 것이 운동화와 구두 등의 밑창이었다. 그 후에는 자전거, 자동차 타이어 등으로 크게 발전하였다.

고무는 용도가 매우 많고 업계도 다양해서 가공방법이나 금형의 제작 업체마다 고유의 기술과 방법이 있다. 주요한 것으로 신발 밑창과 전기제품의 절연물, 기름이나 물 새는 것을 방지하는 백킹 및 오일실링, 방진제, 타이어, 창틀 막음 등이 있다.

고무성형은 다음과 같은 공정과 설비로 행하고 있다.

① 혼합에 의한 물성(物性) 개선을 위한 장치(加流裝置): 천연 고무에 여러 가지 재료를 넣고 섞어서 탄탄함이나 내마모성 등의 성질을 향상시킨다. 이것을 혼합에 의한 물성 개선이라고 한다. 이때 고무 속에 공기나 발생한 가스가 제품에 남는 것이 큰 문제이다.

② 성형과 금형: 고무는 유동저항이 크기 때문에 많은 구멍을 통해서 금형에 주입할 필요가 있다. 또한 금형 내에 공기나 가스가 남아 있으면 그 부분에 재료가 채워지지 않기 때문에 공기 빼기 구멍도 많이 만들 필요가 있다. 금형 내에 흘러 보내는 재료에는 공기나 가스를 포함하고 있으므로 그 양을 예측해서 재료를 좀 더 많이 공급한다. 이때 금형에서 공기 등과 함께 남는 재료가 잘 새어 나가게 하기 위하여 금형에 홈을 만들어 준다.

③ 버 제거: 고무금형은 금형의 맞춤부(파팅라인/partting line)에 틈이 생기기 쉽고 이곳에 버가 발생한다. 이 때문에 대부분의 제품은 성형 후에 버를 제거할 필요가 있다.

④ 접착 또는 금속부품과 조합: 고무제품은 금속부품에 접착해서 사용하는 것이 많고 이것을 금형 안에서 행하는 경우가 있다.

강성(剛性) 고무를 만들기 위한 장치와 금형의 역할

요점 BOX

• 재료는 유동하기 어렵다.
• 제품에 버가 발생하기 쉽다.
• 성형 후에도 제품을 꺼내기 어렵다.

고무제품의 대표선수 장화

고무성형용 금형

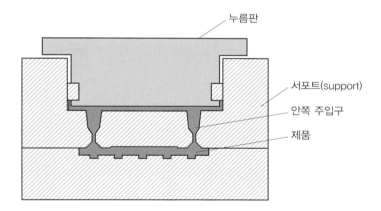

누름판

서포트(support)

안쪽 주입구

제품

금형은 종류에 따라 크게 바뀐다

금형에 대하여 책을 쓰고, 말하는 것은 의외로 어렵다. 그것은 금형이 종류에 따라서 특징이 크게 다르기 때문이다.

금형은 분류법에 따라서 여러 가지로 분류되고 그에 따라서 이미지도 다르다.

생산하는 제품(부품)의 업종에서 분류하면 자동차관련, 전기 및 전자관련, 문방구 및 잡화관련 기타로 분류된다.

생산하는 제품의 재료 종류로 분류하면 프레스금형(금속), 플라스틱, 유리, 고무 등으로 분류된다.

제품의 크기로도 달라진다. 소형부품(핀셋으로 잡아야 할 정도로 작은 것)에서 대형부품(양손으로 들지 못하는 크기)까지 있고 금형의 크기도 그에 따라 크게 변한다.

또한 금형을 사용하는 생산 기계나 자동화 방법에 따라서도 금형의 기능이나 구조가 크게 바뀐다.

금형을 만들고 있는 많은 기업이나 사람도 금형의 종류별로 전문화되어 있다.

과일이라고 해도 참외와 밤은 경작하는 방법도 먹는 사람의 식성도 전혀 다른 것과 비슷하다.

제 4 장

금형의 제작공정

35 금형이 완성되기까지의 공정

금형이 완성되기까지의 공정은 오른쪽 그림과 같다.

① 금형의 제작지시: 수주한 금형의 제작을 지시한다. 제작지시서에는 금형사양, 납기 및 원가목표(재료 이용률)가 기입되어 있다.

② 금형의 구상과 사양결정: 금형의 사양이 정해지지 않은 경우, 생산기술 부문 또는 금형설계 부문에서 사양을 결정한다. 사양의 내용은 자동화방법과 금형의 역할, 생산수량(대부분 월단위), 금형수명(번역자추가 : 여기서 수명은 대부분 금형에 의한 생산 개수를 의미한다. 예를 들어 몇 10개, 몇 1,000개, 30만 이하, 50만 이하, 100만 등 / 생산 개수에 따라 설계에서 내구성 부품의 적용기준이 결정된다), 금형을 장착하는 프레스의 사양에 맞추는 것 등이다.

③ 금형설계: 금형설계의 특징은 하나의 금형을 만들기 위하여 설계하는 것이다. 이것은 동일한 것을 많이 생산하는 자동차 등의 일반적인 공업제품의 설계와는 다르다.

④ 금형가공: 금형은 부품수가 많고, 고정밀도를 요구한다. 금형부품도 예외가 아니다. 표준품도 많이 사용하지만, 표준품 적용이 어려워서 제작하는 경우도 많이 있다. 가공내용은 절삭공구에 의한 절삭가공, 숫돌을 사용하는 연삭가공, 전기를 이용한 방전가공 등이다.

⑤ 금형의 다듬질(완성)과 조립: 금형의 다듬질과 조립은「기타 부문」이라고 할 정도로 내용이 다양하고 설계와 전문적인 기계가공을 제외하고 모든 것을 하게 된다. 주요 내용은 금형부품의 확인, 연마(주로 수작업의 연마), 기계가공 후의 금형부품의 추가가공, 부품의 조정과 수정, 금형전체의 조립 등이다.

⑥ 시험생산과 평가: 완성된 금형은 생산용 프레스에 장착해서 재료를 투입하여 시험생산(트라이/TRY)을 한다. 시험생산의 결과에서 문제가 있는 경우에는 수정(교정)한다.

금형은 주어진 조건에 따라 설계하고 많은 제작 공정을 거친다

요점 BOX
• 금형은 사양에 맞추어 만든다.
• 가공에 다양한 기계가 사용된다.
• 좁은 공간에 많은 부품이 집중되어 있다.

금형제작 공정

제작지시	주요 내용
↓	
사양서 작성	제품의 품질 사용하는 기계가공용 재료 생산조건
↓	
금형설계	평면 및 조립도의 작성 금형부품도 작성 부품표 기타 서류작성
↓	
재료, 구입부품 주문	금형재료 주문 구입부품 주문
↓	
금형부품의 기계가공	절삭가공 연삭가공 방전가공, 기타 기계가공
↓	
다듬질, 조립	부품확인 부품의 다듬질(추가가공) 금형조립
↓	
시험생산과 조정	금형을 프레스에 장착 시험생산 샘플작성 제품의 품질확인(측정포함) 문제점 조정 및 수정
↓	
완성, 출하	

금형제작의 특징

금형설계
하나의 금형만을
위한 설계를
한다.

금형가공
한 가지만 가공하고
생산을 마무리한다.

다듬질, 조립
하나의 금형만을
조립해서
마무리한다.

금형의 주요공정

금형사양서 결정

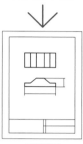

금형설계

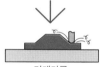

기계가공

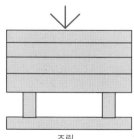

조립

시험생산과 제품평가

36 금형에 사용되는 재료

금형에서 직접 제품을 가공하는 부분의 금형재료는 중요하고 다음과 같은 것이 사용된다.

- 프리하든강: 어느 정도의 경도와 내마모성이 있고, 가공한 면이 깨끗하고 기본 열처리가 되어 있어서 별도로 열처리(담금질)를 하지 않고 그대로 사용하는 특징이 있다. 이 때문에 플라스틱성형용 금형에서 매우 많이 사용한다. 프레스금형에서도 소량생산용의 성형부 및 강도를 필요로 하는 부분에 사용한다.
- 합금공구강(合金工具鋼) 및 고합금공구강(高合金工具鋼): 프레스가공용 금형에서는 다이스강이라고 하는 합금공구강이 많이 사용된다. 다이스강은 경도와 내마모성이 뛰어나고 열처리(담금질) 및 열처리 후의 가공변형이 적은 우수한 특징을 갖고 있다.
- 열처리가 가능한 스테인리스 강(스테인리스 합금강): 플라스틱 금형은 성형하며 발생하는 부식성 가스에 의한 부식방지를 위하여 스테인리스계의 강재를 사용한다.
- 주철 및 주강: 주철은 크고 복잡한 형상이 가능하고 절삭가공도 용이하다. 금속과 눌러붙음이 적은 특징도 있다. 이 때문에 자동차 바디(차체) 등을 만드는 대형 프레스 금형에는 주철 또는 주강을 많이 사용한다. 펀치 및 다이는 금형본체와 일체형(一體型)으로도 만든다.
- 고속도공구강(하이스 및 분말하이스): 고속도공구강은 특히 내마모성 및 인성(靭性)이 필요한 부품(두께가 얇거나 가늘고 긴 부품)에 사용된다.
- 초경합금(超硬合金): 대단히 경도가 높은 텅스텐카바이드(WC)의 미세입자를 코발트(Co)로 소결한 것으로 내마모성이 우수하다. 따라서 고정밀도의 대량생산용 금형에 많이 사용된다.

금형에 사용되는 재료는 특수강(特殊鋼)이 많다

요점 BOX
• 재질에 따라 내마모성은 크게 달라진다.
• 각 부품에 따라서 재질도 다르게 한다.
• 열처리(담금질, 뜨임처리)를 하는 것이 많다.

재료의 종류와 가공공정

재료 종류	재료 메이커	금형을 제작하는 기업
프리하든강	소재 → 열처리로	소재구입 → 가공완료
합금공구강 고합금공구강 고속도강 담금질처리 가능한 스테인리스강	소재	소재구입 → 황삭가공 → 열처리로 담금질, 뜨임처리 → 완성가공
초경합금	분말굳힘 → 소결처리 (열처리로)	전문업체 또는 금형제작사에서 기계가공

고합금강(STD11)의 성분

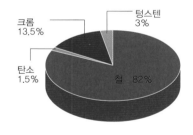

텅스텐 3%
크롬 13.5%
탄소 1.5%
철 82%

일반강재를 담금질하는 경우

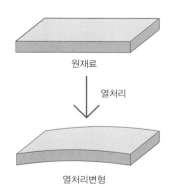

원재료

열처리

열처리변형

일반 강은 담금질처리 하면 변형이 크다.
다이스강은 열처리 변형이 적다.

용어해설

다이스강: 강에 탄소 외에 크롬 등을 많이 함유시켜 열처리(담금질성) 및 내마모성을 높인 특수강
주철: 일반 주물 재료로 알려져 있고 강(鋼)에 비해서 탄소량이 많고 주조 및 절삭가공이 용이한 재료이다.

37 금형을 만들기 위한 기계

금형을 가공하는 데는 고정밀도인 기계가 필요하고, 기계를 만드는 기계라고 하는 공작기계(工作機械)를 사용한다.

금형가공용 공작기계는 다음의 2종류가 있다.

1. 수동 공작기계

작업자가 핸들 등을 회전시켜 공구나 테이블을 움직여서 가공하는 기계이다. 절삭기계는 드릴로 구멍을 뚫는 드릴링머신, 공작물을 회전시켜서 둥글게 깎는 선반, 여러 가지 날(공구)로 다양한 형상가공을 하는 밀링머신 등이 있다. 숫돌을 사용하는 연삭기는 평면가공하는 평면연삭기, 고정밀의 구멍을 가공하는 지그 그라인더 등이 있다. 가공한 금형부품의 가공정밀도는 기계를 조작하는 사람의 기술력으로 결정된다.

2. CNC공작기계

현재 금형가공의 주류는 CNC공작기계이다. CNC는 수치제어의 약어(略語)이고 컴퓨터로 작성한 데이터로 자동가공한다. 3차원의 형상도 데이터 그대로 가공할 수 있다. 대부분의 공작기계는 CNC화 되어 있고, 금형제작에는 다음의 2가지가 압도적으로 많이 사용되고 있다.

① 머시닝센터

　머시닝센터는 많은 전용공구를 장착하고 그 중에서 필요한 공구를 선택해서 자동교환하여 사용한다. 또한 NC데이터에 따라서 공구 및 테이블이 이동한다. 따라서 대부분의 절삭가공을 1대의 기계에서 연속가공이 가능하다.

② 방전가공기

　물이나 기름 속에서 전극(電極)과 공작물 사이에 미세한 방전으로 공작물을 녹여서 가공한다. 표준의 전극이나 가는 와이어를 사용하고 NC데이터로 자동가공한다. 방전가공은 담금 열처리를 하여 경도가 매우 높은 재료뿐만 아니라 비열처리 소재도 가공이 가능하다.

「기계를 만드는 기계」라고 하는 공작기계로 가공을 한다

> **요점 BOX**
> • 가공은 절삭가공 이외에 연삭가공이나 방전가공도 있다.
> • CNC공작기계가 중심이다.

92

지그 그라인더로 가공

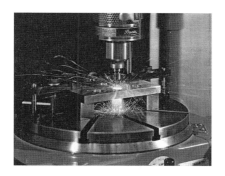

지그 그라인더

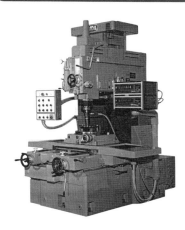

머시닝센터와 절삭 상태

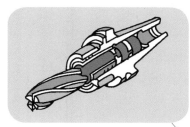

여기에 장착한다.(자동으로 교환)

주축(여기서 절삭한다.)

교환용 공구

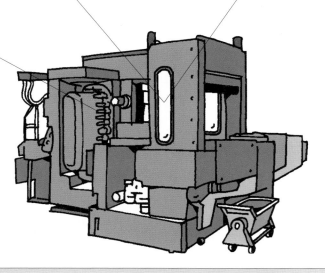

38 시판되고 있는 금형용 부품

금형에는 많은 부품이 조립되어 있다. 그 부품 중에는 표준품으로 시판하고 있는 것도 많이 사용한다.

옛날에는 대부분의 부품을 사내에서 만들었지만, 지금은 판매하고 있는 표준품을 더 많이 사용한다. 시중에 판매하는 부품을 사용하면 회사의 기계 설비를 최소화 할 수 있고 작업자도 적은 인원으로 필요한 가공에만 집중시킬 수 있다.

금형용 표준품에는 다음과 같은 것이 있다.

1. 완성품 그대로 사용하는 것

   공업규격(KS 및 기타 규격품) 또는 제조사 카달로그 등에 기재되어 있는 표준품이 있고, 이것을 완성품으로 그대로 사용한다. 각종 보울트, 코일스프링, 가이드포스트와 부싱, 다웰 핀, 기타 등이 있다.

2. 중간가공되어 있는 것을 추가가공해서 사용한다.

   ① 평판부품: 6면을 표준치수에 맞추어서 가공을 한 평판이 있고, 이 것을 구입해서 형상가공 및 구멍가공을 한다.

   ② 제품에 따라서 다른 구멍의 펀치, 코어핀, 기타: 열처리한 후 공통 부분만 같게 가공하고 날 끝 등의 특수한 치수만 추가가공을 한다. 따라서 전처리가공 및 열처리 등을 생략하고 마무리가공으로 완성한다. 추가가공을 표준부품 제조사에 의뢰해서 완성품을 구입하는 경우도 많다.

3. 특별주문품

   금형부품의 도면으로 주문하면 그대로 완성품으로 납품된다. 특수한 기계가 필요한 가공으로 필요한 시기에 제작할 수 없을 때 전문 제작사에 가공의뢰를 한다.

   표준품을 판매하는 기업의 대부분은 특별주문도 표준품과 동일하게 대응해 준다.

금형부품에는 구입해서 사용하는 것도 많이 있다

요점 BOX
- 완성품을 그대로 사용하는 부품
- 중간까지 가공되어 있는 부품
- 특별주문품

94

구입해서 그대로 사용하는 가이드포스트 세트

금형부품의 공업규격 KS, JIS 예

표준부품을 추가가공하는 사례

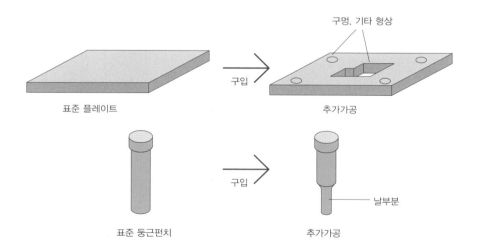

구멍, 기타 형상

표준 플레이트   구입   추가가공

표준 둥근펀치   구입   추가가공

날부분

용어해설

코일스프링: 가늘고 긴 재료를 나선상으로 감은 것으로 코일스프링은 널리 사용되어지고 있다. 코일스프링 이외에도 판스프링, 접시스프링 등이 있다.

39 금형을 제작하기 위한 컴퓨터 시스템

현재의 금형제작은 다음과 같이 컴퓨터시스템을 사용하고 있다.

① CAD(캐드)

캐드는 컴퓨터를 이용한 설계시스템으로 다음과 같은 것이 있다.

• 도면을 그린다.

제도기를 대신하여 컴퓨터로 수치 등을 입력하여 도면을 작성한다. 작은 원이나 각도도 키의 입력만으로 정확히 그려지므로 작업자의 기능을 필요로 하지 않는다.

복잡한 3차원의 형상도 데이터화되어 도면작성이 가능하다. 금형의 강도, 제품의 문제 발생상황을 시뮬레이션으로 확인할 수 있다.

② CAM(캠)

캠은 컴퓨터로 작동되는 기계(CNC공작기계)의 가공 데이터를 만들고 이러한 기계를 제어하는 시스템이다. 공구의 회전수, 위치 및 형상 등 여러 가지 조건을 설정해서 이것의 컨트롤 방법을 지정한다. 3차원의 복잡한 곡선도 기계가 정확하게 재현할 수 있어서 금형의 가공정밀도가 비약적으로 향상된다.

③ CAD/CAM(캐드캠)

CAD와 CAM을 하나의 시스템으로 연결한 것도 있고, 설계와 동시에 가공 데이터를 만들고 CNC공작기계에서 가공할 수 있다. 따라서 가공 데이터를 만드는 시간을 단축하고 입력 실수를 최소화할 수 있다. 금형부품의 가공은 하나씩만 가공하기 때문에 CNC공작기계는 장점이 없는 것으로 생각하였지만, CAD/CAM의 보급으로 대활약을 하고 있다.

④ 생산관리 시스템

부품수가 많고 가공공정도 다양한 금형의 관리에는 방대한 정보처리가 필요하여 컴퓨터를 이용한 생산관리가 일반화되고 있다.

설계와 기계가공에도 컴퓨터가 사용된다

요점 BOX
• 금형설계용 CAD
• 기계가공용 CAM
• CAD와 CAM을 일체화한 CAD/CAM

96

CAD에 필요한 장치

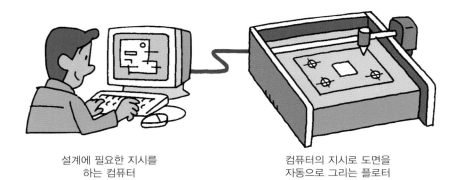

설계에 필요한 지시를
하는 컴퓨터

컴퓨터의 지시로 도면을
자동으로 그리는 플로터

CAD/CAM은 설계에서 직접 CNC공작기계로 가공을 지시할 수 있다

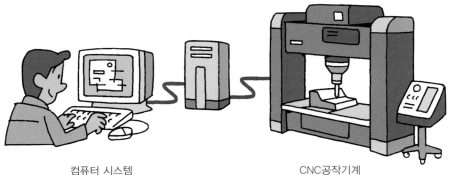

컴퓨터 시스템
CAD/CAM

CNC공작기계

CAD로 설계하면 이와 같은
제도 도구는 필요없다.

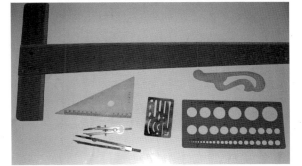

용어해설

가이드포스트와 부싱: 둥근 봉형상의 부품과 원통형상의 부품이 서로 끼워져 정확하게 위치를 안내
한다. 봉형상을 가이드포스트, 원통형상을 가이드부싱이라 한다.

금형 만들기는 멋지다

금형은 처음에 친숙해지기 어려운 것으로 생각하게 되지만, 알면 알수록 매력에 빠지고 재미있게 된다.

저자는 물건 만들기를 아주 좋아하지만, 선천적으로 서투르고 참을성이 없어 같은 연습의 반복을 그렇게 잘 하지 못한다.

공업학교에서 기계실습이나 수작업으로 자기가 만든 상태를 보고 서투름에 깜짝 놀랐다. 그러나 기계실습 중에 프레스가공을 할때 다른 사람들과 완전히 같은 것을 간단히 만들어짐을 알게 되었다. 그 비밀이 금형에 있다는 것을 알고 저의 삶의 길은 금형 외에 없다고 생각하게 되었다. 그러나 금형을 사용하면 누구든지 간단히 복잡한 것도 할 수 있지만, 금형없이는 생각할 수 없다.

그런데 바꾸어 생각하면 금형을 만드는 것은 고도의 경험과 숙련이 필요하고 그것은 전문 장인의 세계였다.

기술은 타인에게 쉽게 가르쳐 주지 않아 등 넘어 잘 보면서 배우는 것이었다. 현재는 다행히 컴퓨터시스템 등을 이용하여 경험이나 숙련의 어려움을 많이 해결해 주고 있다.

금형관계의 전문서적도 많이 출판되었다.

금형제작은 물건 만들기의 매력이 넘치는 작업이다. 지금은 금형 제작이 좋다면 누구든지 경험이나 숙련, 재능이 없음을 걱정하지 않고, 금형만들기에 참가할 수 있다.

제 5 장

금형설계

40 금형 사양의 결정

금형을 만드는 경우, 다음 조건을 만족할 필요가 있다.

① 금형으로 생산한 제품이 합격품(좋은 제품)일 것
금형으로 만든 제품이 합격품이 아니면 그 금형은 사용할 수 없다. 정밀도 높은 제품에는 고정밀도의 금형구조와 가공방법이 필요하다.

② 지정된 기계(프레스, 사출성형기)에 장착해서 생산할 수 있을 것
기계의 크기나 장착조건에 맞추고, 금형의 높이와 크기 및 장착부분의 치수와 구조 등을 결정한다.

③ 예정한 생산조건에 맞추어 생산할 수 있을 것
금형으로 생산할 때에는 어떠한 방법으로 생산하는가? 한 번에 몇 개의 제품을 가공하는가? 가공속도는 어느 정도인가? 등의 조건에 따라서 금형의 기능과 구조와 기타 내용이 바뀐다.

④ 금형의 수명
생산 도중에 금형의 수명이 끝나면 또 만들어야 한다. 금형의 수명에 따라서 금형의 구조, 금형부품의 재질 및 가공방법 등이 바뀐다.

⑤ 생산중에 트러블이 발생하지 않을 것
자동으로 생산할 수 있을 것, 가공속도가 지정한 대로 될 것, 사양의 내용과 다르면 고객은 금형을 사용할 수 없다. 따라서 조정과 수정을 반복하기도 하고 개조해서 고치는 경우도 있다.

사양서의 작성은 제품의 특징과 필요한 요소, 사용하는 프레스, 금형을 사용하는 작업자의 요구사항, 과거의 유사금형에서의 문제점 사례, 금형제작비 등을 확인한다.

이 사양서를 보고 금형설계자는 완성됐을 때의 금형상태를 정리한다. 사양의 결정은 고객의 요구사항을 듣고 생산기술부 또는 금형설계부에서 결정한다.

금형은 사양에 맞추어 만들어진다

요점 BOX
- 금형은 제품의 규격에 맞춘다.
- 생산하는 기계(프레스, 사출성형기)의 사양에 맞춘다.
- 금형의 구조는 사양에 따라 변한다.

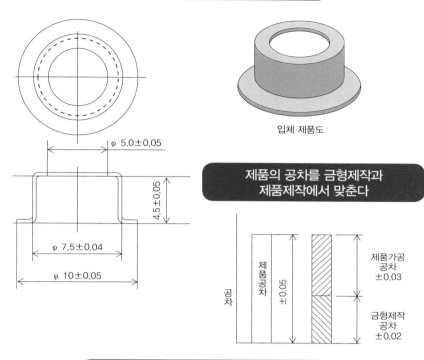

제품도에는 공차가 있다

입체 제품도

φ 5.0±0.05

4.5±0.05

φ 7.5±0.04

φ 10±0.05

제품의 공차를 금형제작과 제품제작에서 맞춘다

공차

제품공차 ±0.05

제품가공 공차 ±0.03

금형제작 공차 ±0.02

프레스기계와 금형사양을 맞춘 예

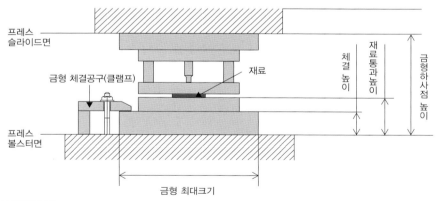

프레스 슬라이드면

금형 체결공구(클램프)

재료

체결 높이

재료통과높이

금형하사점높이

프레스 볼스터면

금형 최대크기

용어해설

NC공작기계: NC는 Numerical Control의 약어이다. 기계용어로는 수치제어의 의미이다. 프로그램에 의해서 기계를 작동시키게 한다.

전개도: 프레스가공은 3차원이지만, 최초 소재는 판재이므로 3차원 형상에서 평탄한 상태의 크기를 알아야 소재를 결정할 수 있다. 이때 필요한 도면(데이터)이 전개도이다.

41 금형설계의 내용과 순서

금형설계에서 공정순서와 도면의 내용 등은 금형의 종류, 각 기업의 금형 제작 방법, 후공정(後工程)에서 필요한 정보의 내용에 따라 달라진다.

① 제품도 검토: 제품의 형상 및 치수공차 등을 고려하여 문제점과 주의할 사항을 확인한다.

② 제품도 입력: 제품의 형상 및 치수를 CAD에 입력한다.

③ 공차 및 변형 예측 가상도 작성: 금형으로 가공한 제품은 금형과 완전히 같은 것이 아니다. 금속은 탄성의 성질에 의해 원래의 형상으로 복원하는 성질이 있다. 플라스틱은 수축하여 금형보다 작아진다. 이러한 것을 고려하여 금형으로 만든 제품이 보다 정확한 치수가 되도록 금형에 변형 예측량을 반영해서 만든다. 이것을 변형 예측 가상도(어레인지도) 또는 수축반영도라고 한다.

④ 전개도 작성: 프레스금형은 평탄한 판재로 가공하기 때문에 3차원 제품의 형상을 평탄한 상태로 전개해야 한다. 이것을 전개도 작성이라 한다.

⑤ 공정도(또는 레이아웃/LAYOUT) 작성: 한 번의 가공으로 최종형상이 안 되는 경우가 있다. 이 경우 설계자는 몇 단계의 공정을 추가해서 제품형상을 만든다. 이것을 공정설정 또는 레이아웃작성이라 한다. 프레스금형과 단조금형에서는 매우 중요하다.

⑥ 조립도 작성: 평면도와 단면도를 작성한다. 평면도(단면도보다 먼저 작성)는 위에서 본 상태를 알기 쉽게 작성한다. 단면도는 가공된 상태(금형이 닫힌상태라고 함)를 작성한다.

⑦ 부품도 작성: 부품도는 한 부품씩 나누어 작성한다. 업체에 따라서는 한 부품을 도면 한 장에 또는 큰 도면에 모아서 작성한다. 조립도(단면도) 안에는 품번을 기입하고 이 품번이 부품번호가 된다. (품번은 업체마다 지정방법이 있다)

> **요점 BOX**
> - 제품의 치수와 금형의 치수
> - 조립도와 부품도
> - 중간공정의 제품형상을 만든다.

프레스 가공품의 공정도(레이아웃) 작성

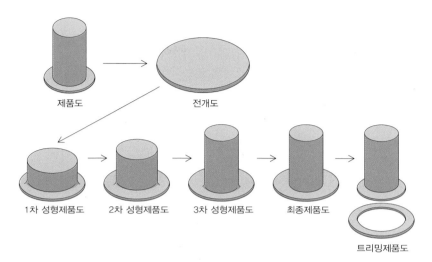

제품도 → 전개도

1차 성형제품도 → 2차 성형제품도 → 3차 성형제품도 → 최종제품도

트리밍제품도

프레스 가공품의 공차(치수관계)

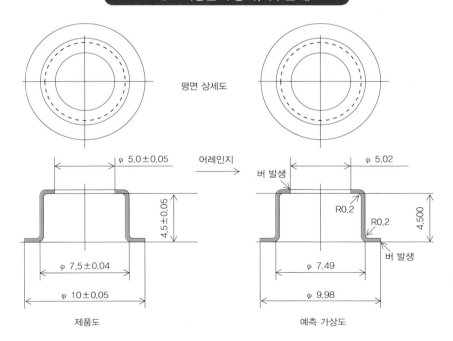

평면 상세도

φ 5.0±0.05   어레인지→   φ 5.02

4.5±0.05   버 발생   R0.2   R0.2   4.500

φ 7.5±0.04   버 발생   φ 7.49

φ 10±0.05   φ 9.98

제품도   예측 가상도

용어해설

공차 및 변형 예측 가상도: 제품도에서 기준이 되는 형상과 치수를 금형제작용으로 변경하는 작업이다. 제품과 금형은 엄밀하게 말하면 같지 않다. 변형을 고려하여 제작하는 경우가 많다.

42 금형도면의 작성과 보는 방법

금형도면은 원칙적으로 기계관련의 도면 작성법과 같다.

형상의 표현방법은 투영법(投影法)에서 3각법(三角法)을 사용한다. 이것은 제품(부품)을 위에서 본 평면도(平面圖)와 정면에서 본 정면도(正面圖) 그리고 측면에서 본 측면도(側面圖)의 3가지를 기본으로 하는 표현방법이다. 예를 들어 그림1과 같이 2단으로 되어 있을 때에는 그림2와 같이 표현한다. 위에서 본 형상을 표현한 것을 평면도라 한다. 앞 방향에서 본 형상을 표현한 것을 정면도라 한다. 제품의 모양에 따라서는 좌우에서 바라본 측면도도 작성한다. 필요에 따라서는 밑에서 바라본 배면도(背面圖)도 작성한다. 설계자는 2차원 도면을 통해서 입체적인 형상을 머릿속으로 구상도 해야한다.

입체적인 것은 처음부터 그림1과 같이 작도하면 알기 쉽다. 이렇게 번거로운 것을 하는 이유는 다음과 같다.

① 그림1의 도면에서는 실제의 크기를 알 수 없다.
② 치수를 기입하기 어렵다.
③ 보이지 않는 부분이 너무 많다. (약 절반은 보이지 않는다)
④ 경사된 선이 많기 때문에 그리기 어렵고, 각도가 있는 부분은 이해하기 어렵다.
⑤ 실제에는 없는 형상을 입체화하기는 어렵다.

투영도는 이러한 문제를 해결할 수 있다.

3차원 CAD로 양방향의 형상을 자유로이 표현할 수 있지만, 기본은 투영도이다.

3각법의 투영도를 이해할 수 있게 되면, 기계관련만이 아니고 자동차, 항공기, 전기제품, 기타의 도면도 이해할 수 있게 된다.

도면에는 금형의 명칭, 제작번호, 척도(尺度), 설계작성의 연월일 등이 표기된다.

금형은 투영법에서 3각법(三角法)으로 그린다

요점 BOX
• 평면도와 정면도의 조합이다.
• 기타 도면도 표시한다.
• 정면도는 단면도에서 작성한다.

그림1 투영도의 원리

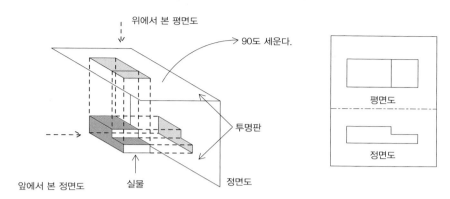

위에서 본 평면도

90도 세운다.

투명판

정면도

앞에서 본 정면도   실물

그림2 3각법에 의한 투영도

평면도

정면도

측면도를 추가한 예

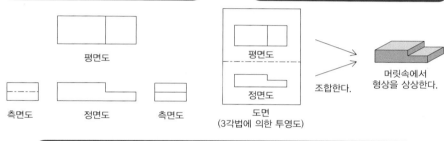

평면도

측면도   정면도   측면도

투영도를 보고 상상한다

평면도

정면도

도면
(3각법에 의한 투영도)

조합한다.

머릿속에서
형상을 상상한다.

3차원 CAD에서는 3차원 형상 그대로 각도를 바꿔서 표현할 수 있다

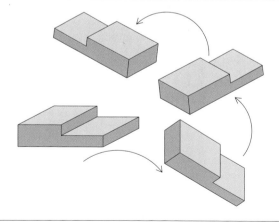

용어해설

3각법: 공간을 십자로 나누어서, 물체를 오른쪽 위에 놓고 2개의 면으로 그리는 방법을 1각법이라한다. 왼쪽 밑으로 해서 그리는 방법을 3각법이라 한다. 도면을 그리는 방법으로 1각법도 사용하지만, 기계관련에서는 3각법을 사용한다.

43

컴퓨터로 도면을 작성한다

현재의 금형설계는 CAD라고 하는 소프트웨어를 사용해서 컴퓨터로 도면을 작성한다. CAD의 소프트웨어는 설계(제도)뿐만이 아니라, 설계에 필요한 계산을 하기도 하고 시뮬레이션도 한다. CAD는 다양한 프로그램(소프트웨어)으로 만들어져 시중에서 판매되고 있다.

「금형설계용」으로 만들어진 CAD는 금형설계에 필요한 데이터베이스가 저장되어 다양한 표현방법과 보조기능을 갖추고 있다. 도면 그리는 부분을 보면 점, 직선, 원, 선의 종류 등을 지정하여 그리게 되어 있다. 여러 표현을 하고 필요없는 부분은 지우면 된다. 또한 문자, 수치, 화살표, 기호, 사선 등 추가 기능을 사용해서 표현한다.

손으로 도면을 작성하는 경우에는 잘 그리기 위한 능력(기능)이 필요하다. 예를 들어 컴퍼스로 원을 그릴 때 시작점과 끝부분에서의 연결부가 눈에 띄이지 않게 되어야 한다. 컴퍼스로 상당히 작은 원을 작도하는 경우나 연필 심의 굵기와 손으로 누르는 정도의 크기를 적정히 잘 조절하는 능력이 있어야 한다.

CAD에서는 자동으로 코너에 원호(코너R)를 붙이기도 하고 원과 직선을 연결할 수도 있다. 선의 굵기도 지정한 대로 작성된다. 유사한 도면이나 참고 도면을 사용하기도 편리하다.

예를 들어 볼트는 그림처럼 그린다. 그리고 또 개개의 볼트를 그릴 필요없이 불러들여 사용하면 된다. 또한 조립도를 분해해서 자동으로 각각의 부품도로 할 수도 있다. 또한 도면을 별도의 장소에서 이동하여 복사도 한다. 도면의 크기도 확대 및 축소를 간단히 할 수 있다.

CAD로 설계한 도면은 플로터에서 쉽게 출력하거나 CAM의 목적을 위해 다른 곳에 전송도 한다.

CAD를 사용하면 제도기구가 필요없다

요점 BOX
- 점, 직선, 원 등을 지정하면 된다.
- 도형의 이동, 삭제 등을 간단히 할 수 있다.
- 프린터에서 간단히 인쇄할 수 있다.

선의 굵기와 종류는 메뉴에서 선택한다

선의 굵기	가는선	———————
	중간선	———————
	굵은선	———————
선의 종류	실선	———————
	점선	- - - - - - -
	1점쇄점	—·—·—·—·—
	2점쇄점	—··—··—··—

도면을 손으로 그리는 경우	CAD로 그리는 경우
직선과 원이 일치하기 어렵다.	어긋남이 없다.
선의 굵기나 농도가 불균일하다.	선의 굵기나 농도가 균일하다.
길이나 각도를 그리기 어렵다.	길이나 각도를 그리기 쉽다.
컴퍼스는 정확한 원이 어렵다.	정확한 원을 그릴 수 있다.

등록한 데이터를 사용하면 그대로 배치 사용가능하다

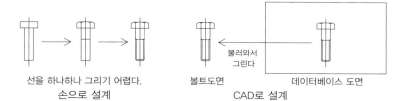

선을 하나하나 그리기 어렵다.
손으로 설계

볼트도면
CAD로 설계

불러와서
그린다

데이터베이스 도면

CAD에는 여러 가지 기능이 있다

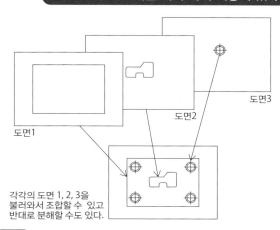

도면3

도면2

도면1

각각의 도면 1, 2, 3을
불러와서 조합할 수 있고
반대로 분해할 수도 있다.

용어해설

데이터베이스: 컴퓨터 내부에 저장해 놓은 자료를 말한다. 필요한 경우에 불러들여 사용한다. 인간의 기억이나 지식에 해당한다.

44 CAD로 금형도면을 그리는 사례

컴퓨터를 이용한 CAD로 금형도면을 작성하는 경우 일반 컴퓨터를 사용하지만 전용의 소프트웨어(프로그램)가 필요하다.

금형설계용의 CAD 소프트웨어는 다음과 같이 크게 2가지로 구분한다.

① 범용 소프트웨어를 이용하는 경우

이것은 일반설계 및 제도를 목적으로 한 것이다. 금형설계는 기계 제도의 소프트웨어 기능도 겸한 것을 사용하게 된다.
② 금형설계를 목적으로 한 전용 소프트웨어를 사용하는 경우

이것은 주로 금형설계를 목적으로 하는 CAD이다. 금형설계 순서에 따라서 설계가 가능하도록 되어 있다.

금형설계에 필요한 기본적인 데이터도 포함되어 있다.

CAD를 이용한 설계에서 가장 진보된 방법은 유니트(블럭사용 또는 그룹사용과 같은 의미)를 조합하는 방법이다.

유니트설계는 유니트(unit)의 조합으로 금형 전체가 된다. 또한 금형을 분해하면 개별 유니트가 된다. 이들 유니트를 계속해서 분해하면 개별의 금형부품이 된다. 역으로 개개의 부품을 조합한 것이 유니트이다. 유니트는 금형 전체의 본체가 되는 전체 유니트와 개개의 기능별로 모아진 서브 유니트가 있다.

금형설계는 전체 유니트에 서브 유니트를 조합하면 조립도가 완성된다. 또한 조립도를 분해하면 부품도가 된다. CAD/CAM이라는 소프트웨어를 사용하면 CNC공작기계로 가공하기 위한 가공데이터 작성도 가능하다.

CAD 금형설계는 이들 유니트의 조합방법으로 설계시간을 비약적으로 단축할 수 있다. 경험이 적은 사람도 실수가 적은 설계를 할 수 있게 되었다.

요점 BOX
- 컴퓨터에서 금형설계를 할 수 있다.
- 데이터베이스를 사용하지 않는 설계법
- 금형(부품)의 유니트를 조합한 설계법

설계의 포인트는 데이터베이스의 활용

CAD로 도면을 그리는 예

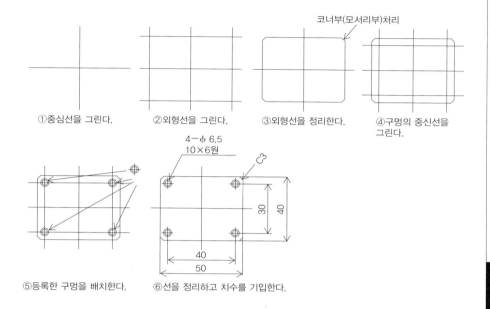

①중심선을 그린다.　②외형선을 그린다.　③외형선을 정리한다.　④구멍의 중신선을 그린다.

코너부(모서리부)처리

4－φ6.5
10×6원

C3

40
50

40
30

⑤등록한 구멍을 배치한다.　⑥선을 정리하고 치수를 기입한다.

전체 유니트에 서브 유니트를 조합한 예

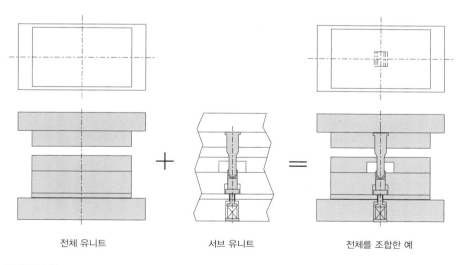

전체 유니트 　+　 서브 유니트 　=　 전체를 조합한 예

용어해설

CAD: Computer Aided Design의 약어로 컴퓨터를 이용한 설계를 의미한다. 도면을 그리는 것에서 시뮬레이션의 고차원까지 가능하다.

45 조립도의 작성

조립도(組立圖)는 금형 전체의 구조를 나타내고, 각각의 부품이 어떻게 조립되는가를 표시한다. 따라서 모든 부품이 어느 위치에 어떻게 (순서) 조립되는지를 알 수 있게 하지 않으면 안된다. 조립도는 다음 두 가지로 작성한다.

① 평면도(平面圖): 금형은 상형(上型/플라스틱금형은 고정측)과 하형 (下型/플라스틱금형은 가동측)이 있다. 상, 하형의 맞춤 부분에서 가공(사출은 성형)이 이루어진다. 이 때문에 이 부분(상, 하형경계)을 실선으로 명확히 볼 수 있도록 한다. 평면도에서 상, 하형은 열린 상태를 나타낸다. 평면도에서 상, 하형의 배치는 좌우 또는 상하로 배치한다. 상하 배치에서는 하측에 하형을 배치하고, 상측에 상형을 배치한다. 좌우 배치에서는 좌측에 하형을 배치하고, 우측에 상형을 배치한다. 하형과 상형은 대칭의 상태가 된다.

② 단면도(斷面圖) (정면도 및 측면도 포함된다): 단면도는 특정 부분의 잘라진 상태를 측면에서 본 것으로 나타낸다. 금형부품의 대부분은 플레이트 등에 끼워져 있거나, 다른 부품에 가려져서 보이지 않는 부분도 많다. 이 때문에 단면도는 내부를 나누어서(분할해서) 몇 개의 단면으로 나타낸다. 단면도는 반드시 금형이 닫힌 상태를 작성해야 한다.

정면도와 측면도는 자른 상태가 아니라 금형의 바깥에서 바라본 것을 나타낸다. 금형도면의 작도법은 설계규정(표준)에 맞추어 설계한다. 금형설계는 좁은 공간에 많은 부품을 정확히 표기하면 오히려 이해하기 어렵게 된다. 따라서 금형설계에서는 간략화한 기호(심볼마크)를 사용한다. 예를 들면 코일스프링은 우측 아래 그림처럼 2점 쇄선으로 나타낸다. 위치기준의 역할을 하는 핀(다웰핀)도 평면도에서는 심볼로 나타내고, 단면도에서는 외곽선으로 실물을 간략화해서 나타낸다.

요점 BOX
- 가공하는 부분은 바깥에서 보이지 않는다.
- 평면도는 제품을 성형하는 면으로 나타낸다.
- 평면도의 여는 방법

평면도와 단면도의 표현 방법

평면도의 도시방향

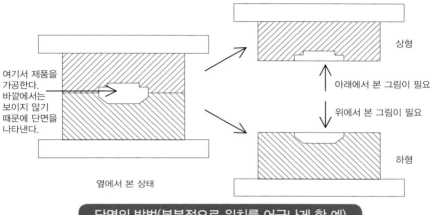

여기서 제품을 가공한다. 바깥에서는 보이지 않기 때문에 단면을 나타낸다.

상형

아래에서 본 그림이 필요

위에서 본 그림이 필요

하형

옆에서 본 상태

단면의 방법(부분적으로 위치를 어긋나게 한 예)

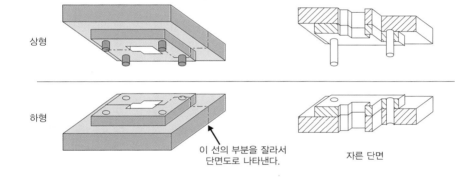

상형

하형

이 선의 부분을 잘라서 단면도로 나타낸다.

자른 단면

스프링의 도시방법

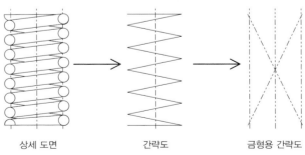

상세 도면

간략도

금형용 간략도

용어해설

심볼마크: 표준 부품을 이해하기 쉽고 표기를 간략화하기 위해서 사용하는 기호(마크)이다.

111

46

프레스 금형설계의 사례

프레스 금형설계는 평면도와 단면도 그리고 정면도와 측면도로 나타낸다. 그림1, 2, 3은 비교적 간단한 구멍을 뚫는 프레스금형의 도면을 나타낸다. 이 도면은 다음 페이지 위 그림처럼 외형을 잘라낸 장방형의 반제품에 두 개의 구멍을 뚫는 금형이다.

평면도에서 상형은 펀치 날 부분을 아래에서 위로 본 것을 나타낸다. 하형은 다이를 위에서 본 것을 나타낸다. 상형은 날 끝에서 보기 때문에 X축에 회전되어 있고, 작은 둥근 구멍의 위치가 하형과 반대로 되어 있다. 단면도는 상·하형의 금형이 조립(닫힌상태)된 상태로 나타낸다. 이것은 가공이 끝났을 때의 상형과 하형의 상호 부품 위치관계를 잘 알 수 있게 하기 위해서이다.

4각의 구멍과 둥근 구멍은 중심이 어긋나 있지만, 이 부분은 중요하기 때문에 단면위치를 이동해서 양방향 위치의 단면을 나타내고 있다. 조립된 부품은 원의 중심에 일련 번호를 부여해서 나타내고 부품 인출선으로 연결해서 표시한다.

이 금형의 구조는 다음과 같은 특징이 있다.

① 스트리퍼 가이드방식은 가동(可動) 스트리퍼(Stripper)로 가늘고 둥근 펀치의 위치결정과 안내를 한다.

② 상형과 하형의 위치결정용 가이드는 네 모퉁이의 바깥에 설정을 기본으로 한다. 상·하형 본체의 위치를 정확히 안내하는 가이드와 가동 스트리퍼의 위치를 안내하는 가이드 포스트가 있다.

③ 다이는 다이 플레이트에 직접 가공하는 방식과 다이 플레이트에 부분 인서트하는 방법이 있다. 다이는 경도를 높이기 위해서 반드시 열처리(담금질-뜨임처리)를 한다. 열처리된 다이의 가공은 와이어 방전가공 또는 초경 엔드밀로 기계가공한다.

조립도의 표제란에는 금형명칭, 도면번호, 설계자 서명 등을 기입한다. 이외에도 부품표가 있지만, 구입을 위한 주문용의 별도 용지에 작성하는 경우도 많다. 그 예를 다음 페이지에 나타냈다.

평면도, 단면도, 부품표

요점 BOX	• 조립된 상태로 표시하는 단면도
	• 단면의 위치는 일직선으로 하지 않아도 좋다.
	• 부품번호를 표시한다.

112

가공 예

외형 크기로 자른 제품

구멍 뚫기 가공

조립도

이 도면은 보기 쉽도록 해칭을 했다 (번역자 주: 회사에서는 대부분 안 한다)

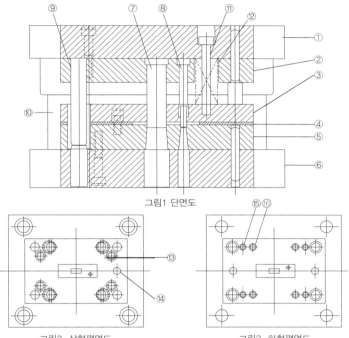

그림1 단면도

그림2 상형평면도

그림3 하형평면도

부품표

품번	부품명	재 질	수량	비고	품번	부품명	재 질	수량	비고
1	펀치 홀더	SS400	1		9	가이드 포스트	SUJ2	4	
2	펀치 플레이트	S30C	1		10	가이드 부시	SUJ2	4	
3	스트리퍼 플레이트	SKS3	1		11	스트리퍼 볼트	SCM435	4	표준품 φ6×45
4	위치결정 플레이트	SK-3	1		12	코일스프링		4	표준품
5	다이 플레이트	SKD11	1		13	6각 홈 붙이 볼트		4	M6×30
6	다이 홀더	SS400	1		14	다웰핀	SUJ2	2	표준품
7	구멍 뚫기용 각 펀치	SKD11	1		15	6각 홈 붙이 볼트			M6×30
8	구멍 뚫기용 둥근 펀치	SKD11	1	표준부품추가가공	16	6각 홈 붙이 볼트			M5×15

47 플라스틱성형 금형의 설계

플라스틱성형 금형은 특수한 경우를 제외하고 대부분 구조 및 크기가 정해진 것이 많고 플레이트의 크기와 두께, 고정 볼트 및 가이드핀의 직경과 위치 등도 규격 그대로 사용하는 경우도 많다.

① 몰드베이스(Mold base): 몰드베이스는 제품을 가공하는 부분을 제외한 구조부분이고, 세트로 규격화되어 시판하고 있다.

② 캐비티(Cavity): 캐비티는 코어(core)와 조합되어 제품을 성형한다. 주로 고정측에 있고 제품의 외측을 성형한다.

③ 코어(Core): 코어는 주로 제품의 내측을 성형하고, 가동측에 있는 것이 일반적이다. 코어는 고정측의 금형판에 직접 가공 제작하는 방법과 금형판에 별도로 인서트하여 가공 제작하는 방법이 있다. 코어를 분할한 경우에는 코어핀을 사용하고 제품에 돌출부분이 있는 경우에는 코어를 옆으로 이동시켜야 한다. 이때 슬라이드 코어를 사용한다.

④ 이젝터 핀(Ejector pin): 성형된 제품을 코어에서 분리시키기 위해서 핀으로 밀어낸다. 이 핀을 이젝터 핀이라 한다. 이젝터 핀은 이젝터 플레이트에 고정되어 있다. 제품의 모양에 따라서는 이젝터 핀을 사용하지 않고 제품의 테두리나 외곽면을 밀어내는 스트리퍼 방식도 있다.

⑤ 스푸루 부시(Sprue bush): 사출성형기의 노즐과 맞추어져 금형 안의 런너(runner)까지 녹은 플라스틱을 흘러가게 하는 통로이다. 성형 후에는 이 부분을 분리해야 하므로 분리가 쉽도록 경사(taper)되어 있다.

⑥ 가이드 핀과 가이드 부시(Guide pin / Guide bush)
고정측과 가동측의 금형 위치를 정확히 일치시키기 위해서 사용하는 부품이다. 프레스의 가이드 포스트나 부시와 같은 역할을 한다.

중요 제품형상과 재료 통로의 맞춤이

요점 BOX
• 단면도는 고정측이 위에, 가동측은 아래에 배치한다.
• 캐비티와 코어에서 성형을 한다.
• 제품을 빼내는(취출) 장치

플라스틱 성형금형

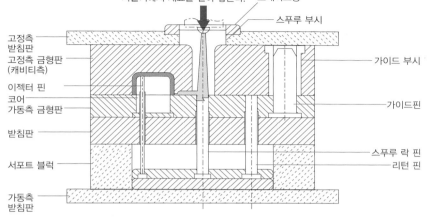

사출기에서 재료를 밀어 넣는다.

로케이트링

스푸루 부시

고정측 받침판

고정측 금형판 (캐비티측)

이젝터 핀

코어

가동측 금형판

받침판

서포트 블럭

가동측 받침판

가이드 부시

가이드핀

스푸루 락 핀

리턴 핀

몰드베이스

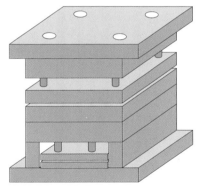

이 상태로 규격화해서 시판하고 있다.

캐비티와 코어

게이트와 밀핀은 생략

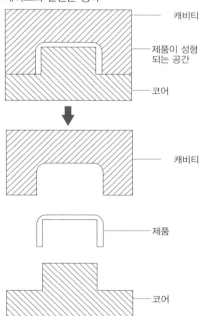

캐비티

제품이 성형 되는 공간

코어

캐비티

제품

코어

용어해설

몰드베이스: 플라스틱 금형 중에서 제품에 관계하는 부분의 가공과 전용 부품을 제외하고 규격화해서 미리 만들어져 있는 금형세트를 말한다.

48 금형의 기능을 부품에 부여한다

금형 전체의 기능(역할)은 각각의 부품이 그 역할을 담당한다.

그림1은 펀치와 다이만으로 가공하는 예이다. 이것만으로는 금형의 역할을 할 수 없다. 그림2는 프레스 가공용 금형에서 펀치에 붙은 제품을 떼어내는 역할의 스트리퍼와 스프링을 장착한 예이다.

금형부품은 부품 전체의 기능을 각각 부여하고 있다. 그림3은 펀치를 고정하는 기능과 빠짐 방지의 기능을 펀치 플레이트에 함께 부여한 예이다.

실제의 금형설계에서는 평면도 및 조립도를 설계하는 단계에서 이와 같은 것을 고려하여 설계한다. 또한 부품을 설계할 때에는 금형 전체와 상대 부품과의 관계를 고려하면서 설계한다.

금형부품의 기능은 다음과 같다.

① 실제로 제품을 가공하는 부품
  • 펀치: 제품을 가공하는 부품으로 주로 상형에 부착되고 비교적 길이가 긴 부품이 많다.
  • 다이: 다이는 펀치와 함께 제품을 가공하는 부품이다. 주로 하형에 위치한다.

② 부품을 고정하는 플레이트(평판)
  • 펀치플레이트: 펀치와 그 외 부품을 고정하기 위한 상형의 중요한 플레이트이다.

③ 금형부품에 붙은 제품 또는 스크랩을 떼어낸다.
  • 스트리퍼 플레이트: 가공이 된 상태에서 펀치에 붙은 제품이나 스크랩을 떼어 내기 위한 것이다. 스트리퍼 플레이트는 가는 펀치의 가이드와 소재 누름의 역할을 한다.
  (참고: 금형에 따라서 스트리퍼 플레이트로 펀치를 가이드하지 않는 경우도 많다)

116

금형 전체의 기능은 각각의 부품이 담당한다

요점 BOX
• 각 금형부품의 역할 분담
• 어느 부품을 어디에 장착(고정)할까?
• 상대하는 부품과의 상호 관계

그림1 펀치와 다이

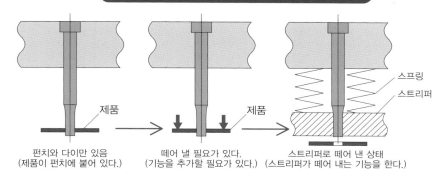

펀치

다이

타발(스탬핑)금형   굽힘(밴딩)금형

그림2 제품을 떼어 내는 기능을 부품에 부여한다

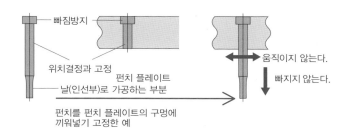

제품

스프링

스트리퍼

제품

펀치와 다이만 있음
(제품이 펀치에 붙어 있다.)

떼어 낼 필요가 있다.
(기능을 추가할 필요가 있다.)

스트리퍼로 떼어 낸 상태
(스트리퍼가 떼어 내는 기능을 한다.)

그림3 금형 전체의 기능과 부품의 전개

빠짐방지

위치결정과 고정

펀치 플레이트

날(인선부)로 가공하는 부분

움직이지 않는다.

빠지지 않는다.

펀치를 펀치 플레이트의 구멍에
끼워넣기 고정한 예

다른 고정 방법의 예

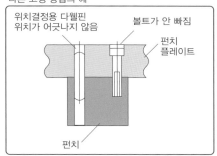

위치결정용 다웰핀
위치가 어긋나지 않음

볼트가 안 빠짐

펀치
플레이트

펀치

49 금형부품설계의 사례

금형부품의 설계는 각각 부품 역할을 부여하는 것이고 이 역할이 가능하도록 모양 등을 바꾸는 것이다. 또한 가공도 가능하도록 한다. 이 때문에 펀치가 어떠한 기능을 하고 어떻게 가공할 것인가를 알고 있어야 한다.

부품도는 부품 한 개씩 한 장의 부품도에 그리는 경우도 있다. 부품도도 평면도, 정면도, 측면도를 기본으로 그린다.

도면의 크기는 제품의 크기에 따라 달라진다. 크기가 너무 작아 보기 어려운 것은 확대하여 그린다. 특히 중요한 부분이나 상세한 표현이 필요한 부분은 부분 확대로 그린다.

부품도를 그리는 주요 목적은 기계가공을 하는 사람에게 가공하는 부품의 내용을 전달하기 위한 것이다. 또한 부품도는 가공하는 상태에 맞추어 방향 등을 결정해서 그림1처럼 그린다. 이것을 그림2처럼 그리면 가공하고 있을 때의 상태와 도면이 거꾸로 되어 버린다.

금형부품은 정밀도가 필요한 부분과 그다지 필요하지 않은 부분이 있다. 이런 부분은 공차지시를 한다. 공차를 ±로 표기하는 것은 귀찮고 보는 데도 번거롭기 때문에 그림3과 같이 소수점 이하의 행수로 정밀도를 나타내는 방법이 있다. 또한 필요한 부분의 가공면 거칠기, 평행도 등도 수치로 기입한다.

이외에도 주의사항이 있으면 문자로 기입한다. 금형도면은 빠르고, 저렴하고 이해하기 쉽게 작성할 필요가 있다. 따라서 그림4와 같이 규격으로 이전부터 정해져 있는 치수, 공차, 가공면 거칠기 등은 생략하기도 한다.

금형설계의 규정을 이해하면 간소화 및 실수 없이 전달할 수 있다.

118

부품도는 부품별로 한 장씩 작성한다 (규정은 없고 업체마다 다름/번역자)

요점 BOX
• 가공하는 사람이 이해하기 쉽도록
• 가공할 때의 부품 상태
• 부품도에서의 생략법

그림1 부품도

그림2 부품의 위치가 나쁜 도면

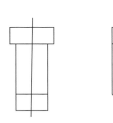

그림3 유효한 소수점의 공차지정 예

치수지시	공차
0.001	±0.005
0.01	±0.01
0.1	±0.1
0.	±0.5

그림4 규격품은 필요사항만 기입하면 된다

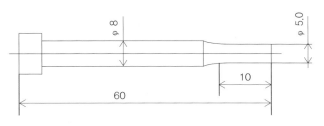

프레스금형용 둥근 펀치
C형
JISB5009

금형설계와 아날로그 정보의 벽

금형제작에 한정되지 않고, 스포츠 등에서도 전문가의 가르침이나 지시의 표현은 아날로그이다.

처음으로 금형설계를 하는 경우, 최초로 직면하는 것은 아날로그 정보의 벽이다.

금형부품의 크기나 위치를 결정하는 경우 전문 설계자는 대부분을 과거의 경험과 지식을 바탕으로 「적당」히 결정한다. 금형설계자의 99% 이상의 사람은 볼트 직경, 개수, 위치 등을 적당하게 결정한다.

따라서 한 사람 한 사람의 「적당」은 여러 가지이고 결과도 가지각색이다. 이 적당한 부분을 습득하는 것이 대단히 어렵다. 이것을 수치화, 정량화하는 것으로 디지털화하면 간단히 할 수 있게 된다.

반대로 디지털 처리에 의한 컴퓨터를 이용한 CAD설계에서는 실물의 이미지를 경험하기 어렵게 되고 틀리기도 쉽고 실제와 거리가 멀다는 사실을 모르는 상태가 계속된다.

금형설계는 어느 쪽으로 치우쳐서도 안되는 대표적인 사례이다.

제 6 장

금형부품의 가공

50 가공방법과 금형부품

금형부품은 그 기능을 달성하는 것만은 아니고, 필요한 기능을 하기 위한 모양으로 가공할 수 있는지가 중요하다. 가공할 수 없는 금형부품의 도면은 단순히 그림에 지나지 않는다. 금형부품의 가공은 필요로 하는 품질을 빠르고 저렴하게 만드는 것이 중요하다.

이 때문에 금형부품의 설계는 가공하는 기계, 공구(절삭공구), 가공공정 등을 고려한다. 다시 말해 금형설계자는 이러한 것들을 알고 있지 못하면 금형부품의 설계를 할 수 없다.

금형가공 기술자는 가공을 하기 쉽고, 경제적인 방법을 항상 생각하여 설계자에게 제안할 필요가 있다. 또한 금형부품의 가공 기술자는 금형설계에 대해서 잘 알고 있어야한다. 금형 전체의 기능이나 구조를 이해하지 못하면 제안할 수도 없다.

금형부품의 가공은 다음 두 가지가 있고, 이 두 가지를 잘 조합하는 것이 매우 효과적이다.

① 황삭가공

　황삭가공은 소재상태로부터 가공이고, 먼저 능률을 고려하여 빠르고 저렴하게 가공할 수 있는 방법을 생각해야 한다. 가공기계는 절삭량이 많은 것도 가능하도록 가공능력이 큰 기계가 필요하다.

② 완성가공

　가공능률보다도 정밀도를 먼저 고려하여 가공한다. 가공기계 및 절삭공구도 고정밀도용을 필요로 한다.

가공방법과 절삭공구에 따라서는 가공할 수 없는 경우가 있으므로 금형부품의 형상을 바꾸기도 하고, 두 개로 분할하기도 한다.

조립할 때에는 부품의 조립이 용이하면서도 정밀도가 높은 상태가 되도록 하는 것이 중요하다. 시험가공 후에 수정(교정) 또는 조정이 필요하다고 생각되는 부분은 여러 상황을 고려한 구조와 부품으로 할 필요가 있다.

사용하는 기계와 공구

요점 BOX

• 가공할 수 없는 경우는 부품을 분할한다.
• 가공방법의 조합
• 상대부품과의 역할관계

금형부품을 가공할 수 있도록 부품도를 변경한 사례

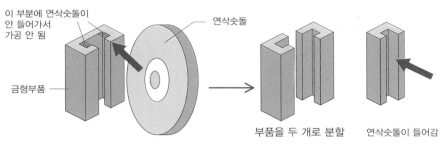

이 부분에 연삭숫돌이
안 들어가서
가공 안 됨

연삭숫돌

금형부품

부품을 두 개로 분할

연삭숫돌이 들어감

금형부품을 연삭가공 할 수 없다.

부품형상으로 대체한 사례

조립을 고려한 금형부품의 가공

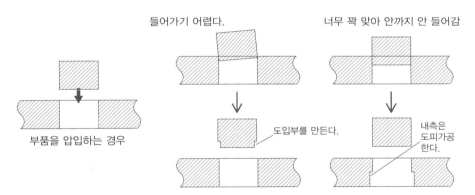

들어가기 어렵다.

너무 꽉 맞아 안까지 안 들어감

부품을 압입하는 경우

도입부를 만든다.

내측은
도피가공
한다.

정밀도와 생산성의 관계

고정밀도 가공
가공능률은 낮다.

저정밀도 가공
가공능률은 높다

높다

가공정밀도

가공능률 ⟶ 높다

51 금형부품의 열처리

금형에 사용하는 강(鋼) 중에서 내마모성을 필요로 하는 부품은 담금질(quenching) 및 뜨임(tempering)을 한다. 강은 담금질을 하면 조직이 치밀해지고 경도(hardness)도 대단히 높아진다. 그러나 담금질을 한 그 상태로는 경도(硬度)가 너무 높아서 파손되기 쉽고(취성/脆性/brittleness), 잘 부러지고, 갈라짐(균열)과 깨짐이 발생해서 사용할 수 없다. 담금질을 한 뒤에는 낮은 온도에서 뜨임처리를 하면 경도는 조금 내려가지만 인성이 증가해서 갈라짐이나 깨짐 발생(또는 균열)이 적어진다. 이 때문에 금형부품은 담금질한 뒤에 반드시 뜨임처리를 해서 사용하고 있다.

담금질은 붉게 가열한 칼 등을 그대로 물속에 넣는 것을 텔레비전 등에서 본 적이 있을 것이다. 그러나 금형의 담금질은 설비와 방법이 전혀 다르다. 금형재료의 열처리에 사용하는 노(爐)에는 전기로(電氣爐), 소금을 고온에서 녹여서 그 속에 담그는 염욕(鹽浴/솔트배스/salt bath), 노속을 진공상태로 해서 가열하는 진공로(眞空爐/vacuum furnace) 등이 있다.

다이스강(KS:STD11/JIS:SKD11)의 경우는 담금질 온도가 1050°C, 뜨임 온도가 200°C 또는 400°C 이다. 200°C는 저온 뜨임, 400°C는 고온 뜨임이라고 한다. 특히 영하 40°C 또는 영하 80°C에서 심냉처리(深冷處理/Sub zero)를 하면 한층 내마모성이 증가한다. 영하 40°C는 일반적인 철이나 칼 등에 큰 효과를 낼 수 있다.

금형부품의 열처리는 전문설비와 전문 기술이 필요하기 때문에 대부분의 금형 공장에서는 열처리 전문업체에 의뢰하고 있다.

일반적으로 강은 담금질과 뜨임처리를 하면 팽창해서 원래 치수보다 커진다. 또한 평판은 뒤틀림이나 변형이 발생하기 때문에 평면연삭으로 마무리 가공을 해서 완성한다.

열처리로 강(鋼)은 강하고, 단단하게 만들 수 있다

요점 BOX
- 담금질과 뜨임은 뗄 수 없다.
- 재료에 따라서 담금질 온도가 다르다.
- 영하에서 하는 열처리도 있다.

뜨임의 효과

부러짐　　깨짐
담금질을 한 그대로는 파손되기 쉽다.　　뜨임처리를 하면 인성이 증가한다.

열처리 온도

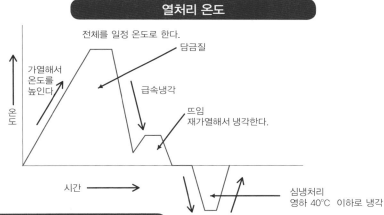

전체를 일정 온도로 한다.

담금질

가열해서
온도를
높인다

급속냉각

뜨임
재가열해서 냉각한다.

온도

시간

심냉처리
영하 40℃ 이하로 냉각

담금질에 사용하는 솔트배스(단면)

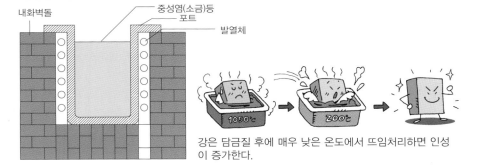

내화벽돌
중성염(소금)등
포트
발열체

1050℃　　200℃

강은 담금질 후에 매우 낮은 온도에서 뜨임처리하면 인성
이 증가한다.

용어해설

담금질: 탄소를 소량 포함한 강은 고온에서 급냉하면 내부의 조직이 마르텐사이트 조직으로 바뀌어
경도가 높아진다.
뜨임: 담금질한 후에 낮은 온도로 재 가열해서 서서히 냉각시킨다. 이와 같이 하면 경도는 조금 낮
아지지만 인성이 증가해서 부러지거나 깨지기 어려운 재질로 변한다.

52 금형부품의 절삭가공

절삭가공(切削加工)은 금속을 절삭공구로 조금씩 깎으면서 서서히 형상을 만들어 가는 가공법이다. 금형의 대부분은 철로 되어 있고 가공의 대부분은 절삭가공이다.

금형의 절삭가공에는 다음과 같은 가공방법과 절삭공구를 사용하고 있다.

① 드릴가공

다음 페이지 우측 위 그림과 같은 드릴로 구멍을 뚫는 가공을 한다. 드릴가공은 정밀도가 낮기 때문에 정밀도가 높은 구멍의 경우는 드릴가공 후에 다른 공구(주로 엔드밀 또는 리머)로 정밀가공을 한다. 공작기계는 드릴링머신, 수직밀링, 머시닝센터 등이 있다.

② 엔드밀가공

엔드밀가공은 금형가공에서 제일 많이 사용하는 가공이다. 그림과 같은 엔드밀공구로 가공을 한다. 가공내용은 주로 금형부품의 측면 및 입체적인 곡면가공을 한다. 자동차에서 차체의 매끄러운 곡선 등은 대부분 볼엔드밀로 가공하고 있다. 사용하는 기계는 머시닝센터, CNC밀링머신 등이 있다.

③ 보링가공

주로 둥근 구멍의 고정밀도 완성가공을 한다. 기계는 머시닝센터 및 지그 보링머신을 사용한다.

④ 나사가공

나사모양을 한 탭 공구를 사용해서 나사가공을 한다. 사용하는 기계는 드릴링머신, 밀링머신, 머시닝센터가 있다.

⑤ 선반가공

다른 가공방법과 다르게 공구는 회전하지 않고 공작물이 회전하여 단면이 둥근 부품의 가공을 한다.

절삭가공은 절삭공구로 조금씩 가공한다

126

요점 BOX
- 금형에는 구멍가공이 많다.
- 공구를 회전시키면서 가공한다.
- 드릴과 엔드밀은 절삭공구의 대표이다.

절삭가공의 공구 예

탭

엔드밀

드릴

볼엔드밀

금형부품의 절삭가공

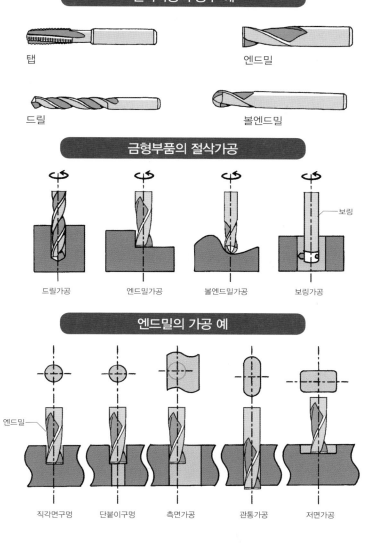

드릴가공

엔드밀가공

볼엔드밀가공

보링가공

보링

엔드밀의 가공 예

엔드밀

직각면구멍

단붙이구멍

측면가공

관통가공

저면가공

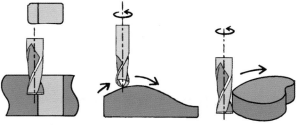

부분가공

3차원 곡면가공

외곽 형상가공(외형, 구멍)

53 머시닝센터로 금형부품을 가공

현재의 금형제작에서 머시닝센터가 없는 상태를 생각할 수 없다. 머시닝센터는 여러 가지 금형부품의 가공에서 주인공이다.

주요 가공내용은 다음과 같다.

① 플레이트 평면가공: 거친 재료의 표면을 깎아서 깨끗하고 정밀도 높은 치수로 완성한다.

② 플레이트 구멍가공: 금형에 사용되는 플레이트의 개수는 많다. 일반 금형에서는 5~10개, 복잡한 금형은 20개 이상 사용되기도 한다. 이들 플레이트는 모두 구멍을 뚫는 가공이 필요하다. 대부분 머시닝센터에서 가공을 한다.

③ 플레이트의 단차가공 및 외형가공: 다이홀더, 스트리퍼 플레이트 기타 단차가 필요한 부분은 머시닝센터에서 엔드밀로 가공을 한다.

④ 임의의 형상가공(2차원): 이형(異形)의 폐곡선(또는 포켓/pocket) 구멍을 가공해서 내부에 복잡한 형상의 부품을 넣는다. 또한 프레스 전단금형의 다이 및 펀치, 플라스틱금형의 캐비티, 코어의 거친 가공(황삭가공)에도 사용한다.

⑤ 자유곡면가공(3차원): 자동차의 차체(body), 플라스틱 성형품 등의 표면은 복잡하고 매끄러운 곡선을 하고 있다. 이런 형상의 부분은 머시닝센터와 볼엔드밀로 가공한다.

⑥ 소형, 이형상(異形狀)부품: 금형의 내부에 들어가는 소형의 이형상 부품은 형상이 복잡하고 고정밀도를 요구한다. 이들 부품은 머시닝센터에서 작은 공구로 미세한 이송에 의해 정밀가공을 한다. 머시닝센터는 공구의 교환, 가공부분의 위치결정 등을 무인 자동화로 하고 있다.

128

머시닝센터는 금형가공의 대표선수

요점 BOX
- 많은 기계를 한 대로 달성한다.
- 자동으로 공구를 교환한다.
- 컴퓨터와 친밀하다.

머시닝센터에서 금형부품 가공

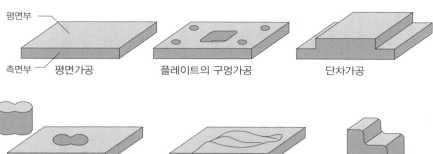

평면부

측면부 평면가공

플레이트의 구멍가공

단차가공

형상가공(구멍과 외형)

3차원 곡면가공

소형 이형부품의 가공

머시닝센터의 특징

내장된 많은 공구에서
필요한 것을 선택한다.

지정한 위치 및
형상대로 움직인다.

공구를 자동적
으로 교환한다.

부속장치로 소재의 교환도 자동으로 할 수 있다

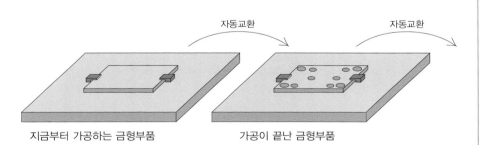

자동교환

자동교환

지금부터 가공하는 금형부품

가공이 끝난 금형부품

54

금형부품의 연삭가공

연삭가공(研削加工)은 숫돌을 고속으로 회전시켜서 금속재료의 피가공물을 연삭한다. 숫돌은 단단하고 작은 입자를 접착제로 소결해서 굳힌 것이다. 그림1과 같이 숫돌 속에는 틈새(간극)가 많이 있고 이 틈새에 깎인 부스러기가 도피한다. 연삭가공은 가공정밀도가 매우 높고 열처리한 강이나 초경합금의 가공도 할 수 있다. 그러나 연삭되는 양이 적어서 가공에는 많은 시간이 걸리므로 마무리 완성가공에 사용한다.

금형의 연삭가공에는 다음의 연삭기와 연삭숫돌이 사용된다.

① 평면연삭기의 평면가공

평면연삭기는 그림2와 같이 원반형의 숫돌을 횡축으로 회전시켜서 평탄한 평면을 완성가공할 때에 사용한다. 금형은 여러 가지의 판이나 블록 형상의 부품이 많다. 이들의 평면을 완성가공한다. 숫돌을 필요한 형상(모양)으로 성형하거나 공작물을 경사시켜서 성형가공 하는 것도 가능하다. 금형공장에서는 반드시 필요한 기계이다.

② 평면성형연삭기의 성형연삭

평면연삭기에 보조 공구를 붙여서 숫돌을 성형하기도 하고 공작물을 경사시켜서 다양한 형상의 연삭가공을 할 수 있다.

③ 성형연삭기로 성형연삭가공

성형연삭기는 성형연삭을 하는 전문 기계이다. 숫돌을 성형하기도 하고 공작물 또는 숫돌의 위치를 자유로이 설정할 수 있다. 최근에는 그림3과 같이 이들의 동작을 자동적으로 제어하는 CNC성형연삭기의 사용이 증가하고 있다.

④ 지그연삭기에 의한 고정밀도의 구멍가공

고정밀도의 구멍가공에는 지그연삭기(지그 그라인더)를 사용한다. 그림4와 같이 숫돌은 직경이 작은 축붙임을 사용해서 고속으로 숫돌을 회전(自轉)시키면서 축의 중심은 큰 원으로 회전(公轉)하는 방법으로 연삭한다.

요점 BOX
- 경도가 높은 공작물도 깎을 수 있다.
- 절삭층이 미세하다.
- 가공면이 깨끗하다.

연삭은 연삭숫돌(砥石)에 의한 가공이다

그림1 연삭숫돌

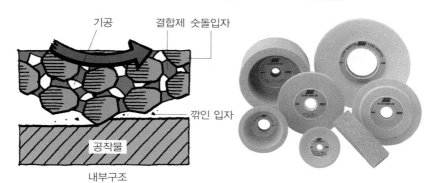

기공　결합제 숫돌입자

깎인 입자

공작물

내부구조

그림2 평면연삭가공

그림3 둥근펀치의 날끝을 이형 성형연삭

131

그림4 지그연삭기에 의한 가공

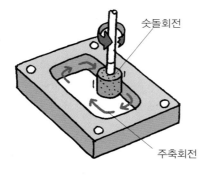

숫돌회전

주축회전

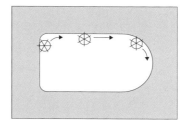

용어해설

연삭가공: 단단한 입자를 접착제와 함께 소결하여 굳힌 연삭숫돌을 고속으로 회전시켜서 철 등의 공작물을 가공한다. 금형에서는 열처리한 뒤에 완성가공으로 하는 경우가 많다.

55 방전가공에 의한 금형부품의 가공

금형가공에서는 방전가공(放電加工)이 활약하고 있다. 방전가공의 원리는 전기스파크와 같은 원리이다. 한쪽은 양전극, 반대쪽은 음전극의 전압을 짧은 간격으로 전류의 흐름을 제어해서 반복하면 반복횟수에 맞게 방전을 일으킨다.

상당히 짧은 시간에 단속적(斷續的)으로 전류를 보내기 때문에 콘덴서 전원 또는 트랜지스터 전원이 사용된다. 절연(絶緣)에는 물과 기름이 사용되고 이 속에서 방전가공을 한다.

가공은 다음과 같이 이루어진다.

(1) 방전에 의해서 금속의 일부를 순간적으로 녹인다.

(2) 방전의 충격적인 에너지로 녹은 부분을 불어서 날린다.

(3) 가공액으로 냉각시킨다. 가공액을 불어내면서 냉각과 함께 가공층을 청소한다.

(4) 원래의 절연상태로 되돌아가서 방전을 반복한다.

방전가공기는 크게 다음 두 가지로 구분한다.

① 형상전극(形狀電極) 방전가공기

다른 기계에서 가공한 전극을 사용해서 방전가공 한다. 전극을 고정밀도의 형상과 치수로 만들면 금형부품도 그에 가까운 가공을 할 수 있다. 얇은 바닥면 형상이나 절삭공구로 절삭가공하기 어렵고 깊이가 깊은 구멍가공도 가능하다. 플라스틱 금형 등 몰드 가공에 광범위하게 사용된다.

② 와이어(Wire) 방전가공기

전극으로 가는 와이어를 사용한다. 공작물은 데이터에 따라서 이동시켜 임의의 윤곽가공(구멍포함)을 고정밀도로 가공한다. 와이어 방전가공기는 전극을 제작할 필요가 없고 열처리한 강이나 초경합금의 가공을 정밀도 높게 가공할 수 있다. 이 때문에 와이어 방전가공기는 금형가공에서 혁명을 일으켰다고 말할 수 있다.

방전가공은 작은 전기 스파크를 반복한다

요점 BOX
- 경도에 관계없이 가공할 수 있다.
- 가공액에 침적시켜 가공한다.
- 전극과 거의 같은 형상으로 가공할 수 있는 기계이다.

전극과 금형부품의 사이에서 단속적으로 방전시킨다

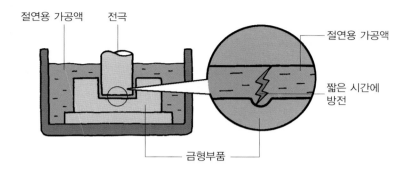

절연용 가공액　전극

절연용 가공액

짧은 시간에 방전

금형부품

방전가공의 원리

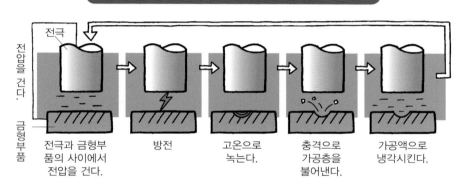

전압을 건다.

전극

금형부품

전극과 금형부품의 사이에서 전압을 건다.

방전

고온으로 녹는다.

충격으로 가공층을 불어낸다.

가공액으로 냉각시킨다.

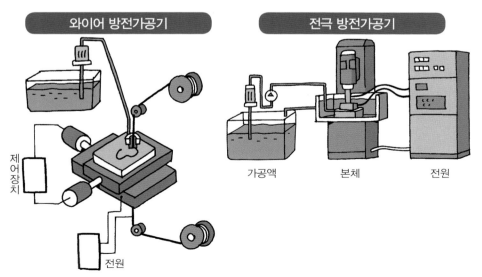

와이어 방전가공기

제어장치

전원

전극 방전가공기

가공액　본체　전원

133

56 금형부품의 가공공정 ①
(평판부품)

대부분의 금형은 평판(Plate)을 겹쳐서 만들어져 있다. 그렇지 않은 금형도 부분적으로 평판부품을 사용하고 있다. 평판부품의 소재는 자유단조(自由鍛造)로 만들어져 있고 다음 공정으로 가공한다.

① 절단: 절단기로 필요한 길이를 절단한다.

② 6면 평면절삭: 상하, 측면을 머시닝센터 또는 밀링머신 등으로 평면절삭한다. 이때 필요에 따라서 연삭량을 남겨서 가공한다.

③ 4면 평면연삭: 상하, 평면과 기준이 되는 두 측면을 평면연삭기로 연삭한다. 각 치수에 맞게 고정밀도 가공과 함께 가공면의 거칠기를 좋게 한다. 경우에 따라서는 이 상태까지 가공된 표준 플레이트를 구입하고 여기서부터 다른 용도의 가공을 시작하기도 한다.

④ 구멍가공: 구멍가공이 중심이고, 대부분 머시닝센터에서 가공을 한다. 가공 후에 열처리를 하는 부품에서 정밀도가 요구되는 부분은 나중(마지막)에 완성가공을 한다. 따라서 완성가공을 위한 가공여유를 주어야 한다. 또한 나중에 와이어 방전가공기로 가공하는 구멍은 와이어가 통과하는 작은 구멍도 뚫어 놓는다.

⑤ 열처리: 담금질, 뜨임처리가 필요한 평판부품은 지정된 조건으로 열처리를 한다.

⑥ 평면연삭(재연삭): 열처리에 의한 뒤틀림이나 변형 그리고 표면 변질층도 평탄하게 완성가공한다.

⑦ 열처리 후의 가공: 연삭가공, 방전가공 등으로 고정밀도 가공을 한다.

134

금형은 평판의 가공이 많다

요점
BOX

- 필요한 평판까지 가공하는 공정
- 구멍이나 형상의 가공을 하는 공정
- 열처리의 유무로 공정이 바뀐다.

평판(플레이트)의 가공공정

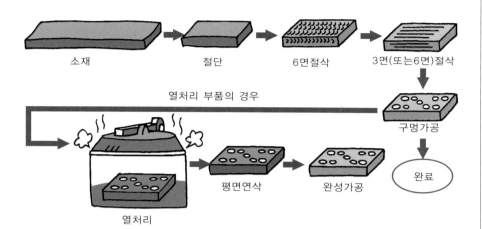

소재 → 절단 → 6면절삭 → 3면(또는6면)절삭

구멍가공

열처리 부품의 경우

열처리 → 평면연삭 → 완성가공

완료

와이어 방전가공용 구멍가공

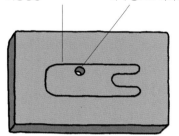

와이어 방전가공기에서 가공형상

절삭가공에서 구멍가공 이 구멍으로 와이어가 통과한다.

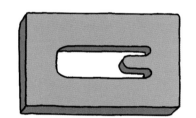

평면연삭으로 뒤틀림변형을 제거한다

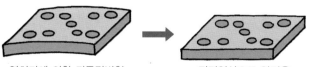

열처리에 의한 뒤틀림변형

평면연삭으로 양면을 연삭해서 평탄하게 한다.

57 금형부품의 가공공정 ②
(소형 블록 형상부품)

금형에서 조립되는 블록형상의 소형부품은 대부분 제품과 직접 관계 있는 부분이다. 이 부품은 가동(可動)을 해서 제품을 밀어내거나 받치고 있는 등 중요한 부분이다. 이 때문에 복잡한 형상과 고정밀도를 요구한다. 금형에서 조립되는 부품수도 많고 중요한 가공이다.

① 소재의 절단

검은 피막이 있는 가공 소재를 필요한 크기로 절단한다.

② 6면을 절삭해서 정사각 또는 장방형(長方形)으로 한다.

연삭의 완성 가공여유를 남겨 놓고 6면을 가공한다. 기계는 머시닝센터 또는 밀링머신을 사용한다.

③ 기준이 되는 3면 또는 6면을 평면연삭한다.

기준이 되는 3면과 그 외의 3면도 함께 평면연삭을 한다. 이 가공에서 특히 중요한 것은 각 면의 직각을 정확하게 만드는 것이다. 직각도는 직각 측정기로 확인을 하면서 정확히 가공한다.

④ 부분적인 형상을 가공한다.

부분적으로 요철이 있는 부분은 엔드밀로 절삭가공한다. 고정 볼트 및 다웰핀용 구멍 등은 지정된 위치에 지정된 치수로 가공을 한다. 이들은 모두 기준면에서의 위치가 중요하다.

⑤ 열처리를 한다.

열처리를 하는 부품은 담금질, 뜨임처리를 한다.

⑥ 완성가공

방전가공, 와이어방전가공 및 성형연삭 등의 완성가공을 한다. 외형과 상호 위치를 측정해서 확인하면서 가공한다.

136

소형부품은 형상과 가공내용이 다양하다

요점 BOX
• 형상이 복잡해서 공정수도 많다.
• 많은 기계에서 가공한다.
• 고정밀도 가공이 많다.

소형 블럭형상 부품의 가공공정

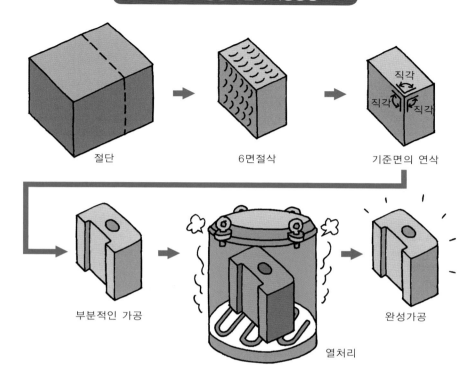

절단

6면절삭

기준면의 연삭

직각

직각 직각

부분적인 가공

열처리

완성가공

블럭을 평면연삭기에서 직각가공하는 방법

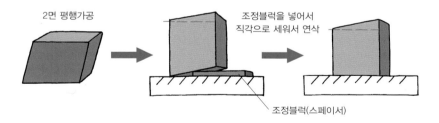

2면 평행가공

조정블럭을 넣어서
직각으로 세워서 연삭

조정블럭(스페이서)

성형연삭기에서 만든 고정밀도 부품

58 금형부품의 가공공정 ③ (원통형 부품)

금형에는 원통형 부품을 상당히 많이 사용하고 있다. 프레스금형에는 둥근 펀치, 둥근 인서트다이(insert die 또는 버튼다이/button die), 파일럿 펀치, 가이드 포스트, 가이드 부싱, 다웰 핀, 기타 여러 가지가 있다.

플라스틱성형 금형에는 코어 핀, 이젝터 핀, 앵귤러 핀, 스푸루 부싱, 가이드 핀, 가이드 부싱, 기타 여러 가지가 있다.

둥근 부품은 전체가 둥근 것과 축의 부분이 둥글(장착부분)고 끝부분은 사각형 또는 이형(異形)으로 된 것도 있다.

가공공정은 다음과 같다.

① 소재에서 절삭가공

선반으로 가공 여유(또는 열처리 여유)를 남겨두고 가공한다.

② 열처리

담금질, 뜨임처리를 한다.

③ 연삭에 의한 완성가공

둥근 것을 전문으로 가공하는 원통연삭기로 외경 및 내경을 완성가공한다. 원통연삭기는 금형부품을 천천히 회전시키면서 연삭숫돌은 고속으로 회전시키면서 연삭한다. 원통연삭기는 가공치수 정밀도와 진원도가 좋고, 표면도 매끄럽게 가공할 수 있다.

④ 연마가공(수작업 광택가공 포함)

원통형상의 부품은 미끄럼운동 또는 재료와 슬라이딩 접촉하는 경우가 많다. 따라서 기계가공 후에 연마 또는 수작업의 광택작업을 한다.

둥근 부품은 물론 이형부품도 이미 표준화가 되어 시중에서 구입하여 사용한다. 특별한 형상이나 부품도 규정된 도면화로 설계하여 표준품 회사에서 제작한다. 이렇게 표준화 부품은 구입하여 사용하는 것이 일반적이다. 또한 회사 내에서 머시닝센터나 와이어방전기 등을 이용해서 제작하여 사용하기도 한다.

요점 BOX
- 가공의 시작은 선반가공
- 특수한 전용기계가 많다.
- 완성품을 구입하는 예가 많다.

원통형 부품은 표준 부품이 많다

원통형상의 가공공정

소재 → 선반가공 → 열처리 → 원통연삭

원통연삭기로 원통가공

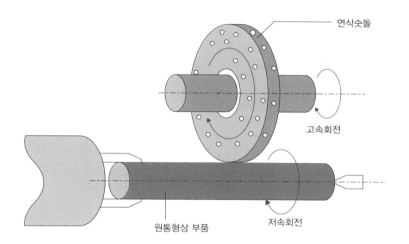

연삭숫돌

고속회전

저속회전

원통형상 부품

머시닝센터에서 만든 원통형상 부품

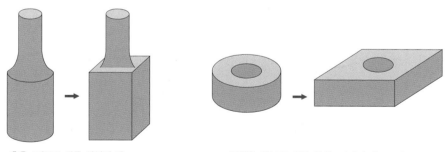

축을 4각으로 만든 펀치의 예

외형을 4각으로 만든 인서트다이의 예

용어해설

선반: 공작물을 회전시켜서 바이트라고 하는 절삭공구로 가공한다. 따라서 가공된 단면은 원통형(원형)이다.

원통연삭기: 공작물을 저속으로 회전시키면서 고속으로 회전하는 연삭숫돌을 접촉시켜서 가공한다. 가는 축붙임 연삭숫돌을 사용해서 원통형의 내면도 연삭한다.

금형가공은 도구에서 변한다

인간은 도구를 사용하는 것으로 동물과 다르게 진화해 왔다고 말하고 있다. 그러나 오랑우탄 등 고등동물(高等動物)은 물론 작은 새 중에는 나뭇가지를 이용해서 나무 속에 있는 벌레를 잡아 먹는 사실을 알게 되었다.

그래도 인간은 도구에 동력을 추가하여 기계라고 하는 편리한 도구를 탄생시켰다. 이 기계를 발달시켜서 사람을 대신해서 계산하기도 하고 생각하기도 하는 컴퓨터라는 도구를 만들었다.

현재의 금형가공은 이 기계와 컴퓨터를 조합시킨 CNC공작기계가 주류를 이루고 있다. 이전의 핸들을 돌리면서 밀링머신으로 구멍을 뚫기도 하고 줄작업으로 마무리 완성하던 것이 꿈과 같은 이야기이다.

또한 CNC공작기계는 사람이 자고 있는 밤에도 가공을 계속할 수 있다. CNC공작기계는 철야 작업을 해도 거뜬하다. 그럼에도 사람의 지시에 충실하고 틀리는 것도 없다.

반대로 CNC공작기계가 움직이지 않으면 금형가공은 멈추어 버린다.

제 7 장

금형의 사상(마무리)
작업과 조립, 기타

59 경험과 숙련의 사상작업

금형제작 중에서 경험과 숙련을 최고로 필요로 하는 것은 사상(마무리) 작업과 조립이다. 사상작업과 조립부문은 「기타부문」이라고 말할 정도로 다양하다. 금형의 설계와 전문 담당자가 하는 기계가공 이외의 모든 것이 포함된다.

주요 업무는 다음과 같다.

① 전문 담당자가 결정하지 않은 기계로 가공: 금형의 사양과 조립도를 보고 금형의 요구조건과 구조를 이해한다. 그 조건을 만족하는 금형을 만드는 책임을 갖는다.

② 금형부품의 점검과 확인: 기계가공이 끝난 금형부품 및 구입부품 등의 수량과 품질 등을 확인한다.

③ 기계가공: 드릴링머신, 밀링머신, 평면연삭기 등으로 가공한다.

④ 기계가공이 완성된 금형부품의 사상작업(수작업 사상/수작업 마무리): 금형부품의 버(burr/거그러미)를 없애고 연마 및 광택작업 등을 한다.

⑤ 불량 및 결함있는 부품의 수정과 조정: 형상이나 치수가 불량한 금형부품을 수정(교정)한다.

⑥ 금형의 조립과 조정: 수십에서 수백 개의 부품을 정확히 조립한다. 불일치하는 경우에는 조정 또는 수정을 한다.

⑦ 완성된 금형의 확인: 조립된 금형에 결함이 없는지 확인한다. 이것이 불충분한 경우 시험가공을 할 수 없거나 금형이 파손될 수 있다.

⑧ 시험가공: 금형을 기계(프레스)에 장착해서 소재를 넣고 실제 가공을 해서 샘플을 만든다.

⑨ 시험가공 후에 불량과 결함의 수정: 제품의 품질과 생산에 문제가 있는 경우, 그것을 수정(교정)한다.

142

다듬질/마무리는 대부분 수작업이다

요점 BOX
• 수공구로 사상(마무리)하는 작업
• 금형의 조립과 조정
• 불량과 결함의 수정작업

사상(마무리)작업

측정   줄작업   쇠톱의 절단작업

망치작업   나사내기(탭가공)   전동공구에 의한 사상
(마무리)작업

사상(마무리)작업. 조립 작업자는 여러 가지 작업을 한다.

60 보석과 금형은 연마하면 빛난다 (사상/광택/연마작업)

사상(마무리)작업 중에서도 가장 중요한 작업은 연마(광택)작업이다. 연마작업은 기계를 사용하는 경우도 있지만, 대부분 수작업이다. 또한 숙련이 필요한 작업이다. 제품 표면의 거칠기, 가공 정밀도, 금형의 수명, 금형의 파손, 금형의 생산성, 금형의 결함 교정 등에 중요한 것이 연마(광택/사상)작업이다.

연마(광택)에는 다음과 같은 것이 있고, 각각의 연마 방법이 달라진다.

① 평면: 판의 표면 등 비교적 큰 평면의 연마(광택)작업
② 측면: 가는 봉형상의 부품 측면과 구멍의 측면 등의 연마작업
③ 곡면(원호면): 원호형상의 면 연마작업이고, 표면의 거칠기와 반경 및 형상의 정확함을 필요로 한다.
④ 자유형상면(자유곡면): 전기제품, 사무용품 등의 3차원 자유곡면의 연마작업. 연마(광택)의 정도는 황연마(荒研磨), 중연마(中研磨), 경면연마(鏡面研磨)의 3단계이다. 각각에 사용하는 공구, 연마재료, 연마방법이 다르다.

연마용 공구와 연마재료는 다음과 같은 것이 있다.

① 연마지(研磨紙)와 연마포(研磨布): 종이 또는 포(천)에 분말의 연마제를 도포한 것으로 거친 연마에 사용한다.
② 기름숫돌: 봉(棒) 또는 평판 형상의 숫돌이다.
③ 핸드레이퍼: 작업하기 쉽도록 끝부분에 연마제가 붙어 있다.
④ 다이아몬드 분말: 상당히 미세한 다이아몬드 분말로 나무봉, 면봉 등에 붙여서 연마작업을 한다.

144

사상(광택)작업으로 금형의 완성도는 크게 달라진다

요점 BOX
• 연마작업은 대부분 수작업
• 금형의 가공면 거칠기가 제품에 그대로 옮겨진다.
• 연마에는 다양한 공구가 있다.

연마 방법

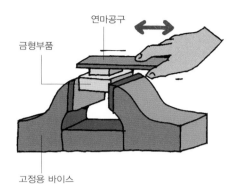

연마공구
금형부품
고정용 바이스

금형부품을 고정하고
공구를 이동한다.

금형부품
연마공구

공구를 고정하고
금형부품을 이동한다.

여러 가지 가공면과 연마방법

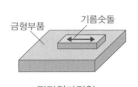

금형부품   기름숫돌

평면연마작업

금형부품
연마봉

측면(구멍)연마작업

연마봉

원호에 맞추어
연마한다

원호부의 연마방법

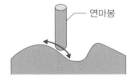

연마봉

자유곡면 연마작업

용기에 들어있는 다이아몬드 페스트

61 금형의 조립

금형은 작은 공간에 여러 가지 부품을 정밀도가 높게 조립해야 한다. 이때 여러 가지 지식과 기능이 필요하다. 먼저 조립을 시작하기 전에 조립된 금형의 전체 상태를 머릿속에 정리하고 어떻게 금형이 될 것인지 이해해야 한다.

고정밀 금형은 그 정밀도를 보증하여야 하고 강도가 필요한 경우에는 강도를 보증할 필요가 있다.

다음으로 조립하는 순서와 각각의 작업에 필요한 공구를 준비한다. 조립작업은 올바른 순서와 정확한 방법으로 한다. 예를 들면 평탄한 판을 다수의 볼트로 체결하는 경우 대각선 방향으로 가볍게 조이고 그 뒤에 다웰핀을 조립한다. 그후 대각선 방향으로 강하게 체결한다. 이 순서와 방법이 틀리면 정확히 조립되지 않는다.

금형의 조립에서 가장 어려운 것은 부품과 부품의 조립 맞춤이다. 조립한 뒤에 움직이면 안 되는 것은 작은 구멍에 약간 큰 부품으로 압입(壓入)한다.

고정밀의 위치결정이 필요한 경우에는 이보다 헐겁게 압입해서 부품 교환을 할 수 있도록 한다. 작은 틈에서 버(Burr/거스러미)가 생기기도 하고 금형의 흔적(자국)이 나타나는 경우 틈새 없이 가동되는 부품은 최소 틈새에서 작동이 원활하도록 조립한다.

전문 작업자는 이것을 「잘 맞는 맞춤」이라고 말한다. 손의 감각으로 두 부품의 간극(틈새)을 조정한다. 기술이 발달해서 이와 같은 작업을 고정밀도 측정기와 공작기계로 재현하는 사례가 점차 증가하고 있다.

금형부품은 고정밀도이므로 제작하기도 어렵다. 이 때문에 조립 중에 금형부품을 상처내거나 파손되지 않도록 주의하는 것도 중요하다. 또한 나중에 분해와 재조립이 가능하게 하는 것도 중요하다.

작업은 정확하게 조립은 올바른 순서로

> **요점 BOX**
> • 올바른 순서로 볼트를 체결한다.
> • 수직으로 조립한다.
> • 분해하기 쉽도록 조립한다.

볼트의 체결방법(조이는 순서)

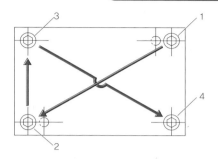

1 대각선방향으로 느슨하게 조인다.

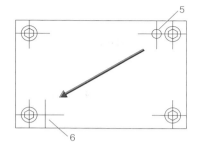

2 다웰 핀을 압입한다.

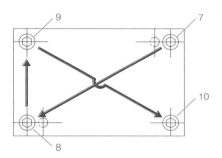

3 대각선방향으로 단단하게 조인다.

금형부품의 조립

눌러 박음

틈새

틈새 거의 없음

구멍보다 축이 크다.
압입

구멍보다 축이 작다.
느슨한 조립

구멍과 축이 같다.
딱 맞는 조립

용어해설

압입: 구멍의 치수보다 끼우는 축의 치수를 조금 크게 끼운다. 큰 힘을 주면서 무리하게 눌러 끼움으로 고정하는 방법

62 금형조립에 필요한 공구

금형을 조립할 때 필요한 공구에는 다음과 같은 것이 있다.

① 조립용 받침대

금형조립에는 금형이 수평으로 되도록 놓는다. 작은 금형은 작업대 위에서 조립하고 큰 금형은 전용 조립대에서 한다. 작업대에는 바이스를 부착해서 이곳에 작은 부품을 고정하여 사상작업이나 조립 작업을 한다.

② 나사를 체결하는 공구

금형에 사용하는 나사는 대부분 6각 홈붙이 볼트를 사용한다. 이 것을 조이는 데는 6각 렌치를 사용한다. 이 외에도 6각 볼트용의 스패너, 센서나 전기부품을 조립하는 드라이버도 필요하다.

③ 햄머

금형부품을 압입할 때나 뺄 때에 햄머를 사용한다. 금형에 상처를 주지 않도록 구리재질의 햄머를 사용한다. 또는 구리나 알루미늄 처럼 연한 소재의 판을 금형에 대고 그 위를 햄머로 때려서 금형 의 손상을 막는다.

④ 부품의 수정용 공구

조립 중에 부품을 수정하는 경우가 있다. 이때에는 핸드 그라인더, 전동공구, 줄, 수작업 연마용 숫돌 등을 사용한다.

⑤ 측정공구

부품상호의 위치나 상태를 확인하기 위하여 자, 버니어캘리퍼스, 마이크로미터, 기타 길이 측정기, 틈새 게이지, 직각도 측정기, 확 대경 등을 사용한다.

이 외에도 금형의 종류와 작업내용에 맞추어 여러 가지 공구를 제 작해서 사용한다. 조립하는 작업자가 공구를 대단히 소중하게 취급하 는 것은 대장장이나 요리사가 갖고 있는 마음 가짐과 같다.

규정 공구를 정확하게 사용한다

요점 BOX
- 부품을 공구로 상처 안 나게 한다.
- 작업에 맞는 공구를 제작해서 사용한다.
- 공구는 올바르게 사용한다.

금형부품의 조립

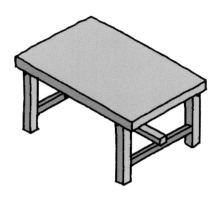

일반적인 작업대

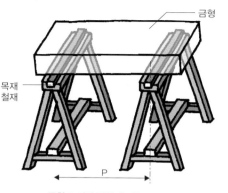

금형

목재
철재

P

금형 크기에 맞추어 P를
조절한다.

큰 금형을 조립하는 이동식 조립대

바이스에 금형부품을 고정하는 방법

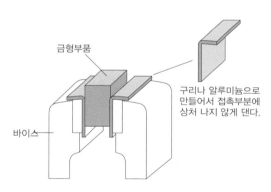

금형부품

바이스

구리나 알루미늄으로
만들어서 접촉부분에
상처 나지 않게 댄다.

6각 렌치

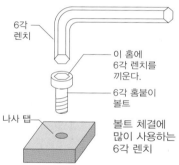

6각
렌치

이 홈에
6각 렌치를
끼운다.

6각 홈붙이
볼트

나사 탭

볼트 체결에
많이 사용하는
6각 렌치

버니어 캘리퍼스

틈새 게이지

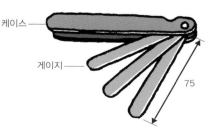

케이스

게이지

75

63 조립 중의 조정 및 수정작업

금형부품에만 국한하지 않고 고정밀도의 기계가공을 하는 경우에도 지정한 치수대로 되지 않는 경우가 많다. 아주 조금이라도 커지거나 작아지기 때문이다.

이것은 기계나 정삭공구의 정밀도, 부품고정의 정밀도, 온도변화, 진동 등에 의한 영향 때문이다.

예를 들어 철은 100 mm의 길이에서 온도가 1℃ 올라가면 0.001 mm 늘어난다.

200 mm에서 온도가 10℃ 올라가면 0.02 mm 늘어난다. 이 때문에 가공물의 치수에는 어느 범위까지 커져도, 작아져도 좋다는 범위를 지정한다. 이것을 공차(公差)라고 한다.

각각 가공 정밀도의 오차가 있는 두 개 부품을 조립해서 맞추려고 하면 이들 틈새가 커지기도 하고 작아지기도 한다. 가공 정밀도의 한계보다도 조립했을 때의 정밀도를 높게 하려고 하면 부품과 부품의 조정을 필요로 한다. 이것을 그대로 조립하려고 해도 맞추어지지 않고, 틈새의 크기도 위치도 어긋나게 된다.

이와 같은 경우에는 만들어진 부품을 불량품으로 해서 다시 제작하면 좋지만 비용과 시간이 많이 걸린다. 또한 다시 만들어도 치수대로 되지 않는다.

이때 사상가공에서 서로 끼워 맞춰 조립하는 경우 끼워 넣는 부품을 아주 조금 교정(수정)하거나 또는 구멍을 아주 조금 크게 해서 정확히 맞춘다. 교정은 전동공구, 줄, 사포, 연마공구 등을 사용해서 작업한다.

조립한 뒤에 부품의 상호 위치는 많은 부품의 오차합계(누적공차)로 변화하므로 작업 현장에서 부품과 부품의 맞춤이 많아진다.

조정과 수정은 최후의 수단

요점 BOX
- 기준측을 정해서 상대를 맞춘다.
- 정밀도가 높은 금형일수록 미세조정이 필요하다.
- 기계가공의 한계를 극복한다.

작은 온도 상승에도 철은 늘어난다

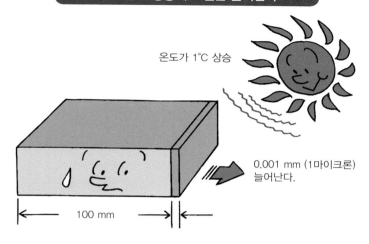

온도가 1℃ 상승

0.001 mm (1마이크론)
늘어난다.

100 mm

끼워 맞춤은 공차 내에서도 헐겁거나 빡빡해진다

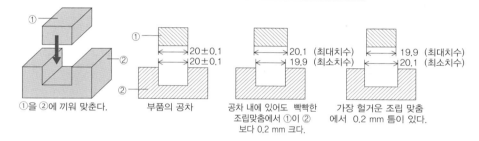

① ②
①을 ②에 끼워 맞춘다.

20±0.1
20±0.1
부품의 공차

20.1 (최대치수)
19.9 (최소치수)
공차 내에 있어도 빡빡한
조립맞춤에서 ①이 ②
보다 0.2 mm 크다.

19.9 (최대치수)
20.1 (최소치수)
가장 헐거운 조립 맞춤
에서 0.2 mm 틈이 있다.

부품을 정확하게 맞추는 방법

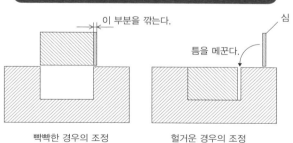

이 부분을 깎는다.

심

틈을 메꾼다.

빡빡한 경우의 조정

헐거운 경우의 조정

용어해설

공차(公差): 어느 크기에 대해서 「이 범위까지 크거나 작아도 됨」이라는 허용 범위를 결정한 것
오차(誤差): 결정한 대로 하려 해도 완전히 같게 되지는 않고 조금이라도 어긋난다. 이것을 오차
라 하고 그 오차를 포함해서 대책을 생각(설계)할 필요가 있다.

64 조립된 금형의 검사와 확인

조립이 끝난 금형은 양산용 프레스에 장착해서 시험가공을 하기 전에, 그 전에 검사를 잘 해서 이상이 없도록 확인한다. 확인에서 누락된 것이 있으면 시험가공을 못 하거나 금형이 파손될 수 있다.

검사와 확인내용은 다음과 같다.

① 조립 부품의 위치, 방향, 앞뒤 등 조립 오류가 없을 것

외경이 같은 부품이 있는 경우에 다른 부품과 바뀌어 조립되기도 한다. 이것을 모르고 금형을 닫으면 부품이 파손된다. 또한 앞뒤(상하)가 바뀌지 않았는지도 확인한다.

② 볼트의 체결에서 누락이 없을 것

금형부품은 수십에서 수백 개 이상의 상당히 많은 볼트로 고정되어 있다. 이 중에서 1개라도 체결이 누락되면 부품이 어긋나거나 떨어져서 금형을 파손시킨다.

③ 시험가공하는 프레스의 사양에 맞을 것

금형의 높이, 금형 장착부의 위치, 제품과 스크랩의 취출에 문제가 없음을 확인한다.

④ 도피가공의 누락

돌출된 금형부품과 금형 내의 반송제품이 상대 금형부품과 관계부분에서 도피가공을 누락시키면 충돌해서 생산가공을 할 수 없다. 시험가공을 할 수 없거나 금형을 파손하는 원인에서 가장 많은 것은 이 도피가공의 누락이다.

⑤ 안전대책이 충분할 것

시험가공에서 사고가 없도록 날카로운 부분을 모따기 하고, 다른 위험부분이 없는지 확인한다.

⑥ 가동하는 부품은 원활하게 작동할 것

프레스금형의 스트리퍼, 노크아웃, 플라스틱성형 금형의 슬라이드코어, 이젝터 핀 등은 틈새가 적으면서도 원활하게 작동되어야 한다.

시험생산이 가능한지 확인

> **요점 BOX**
> • 금형을 파손시키지 말 것
> • 기계(프레스/사출기)에 장착할 수 있을 것
> • 재료를 가공할 수 있을 것

조립방향이 거꾸로인 사례

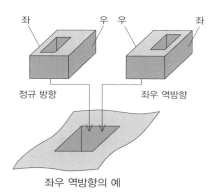

좌   우   우   좌

정규 방향   좌우 역방향

좌우 역방향의 예

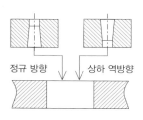

정규 방향   상하 역방향

상하 역방향의 예

볼트의 체결이 누락됐을 때 문제발생

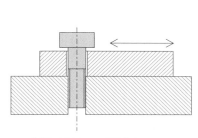

부품이 옆으로 어긋난다.

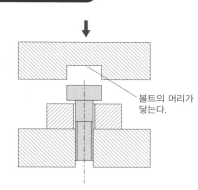

볼트의 머리가 닿는다.

볼트의 머리부분이 다른 부품과 충돌

153

도피가공의 누락에 의한 문제발생

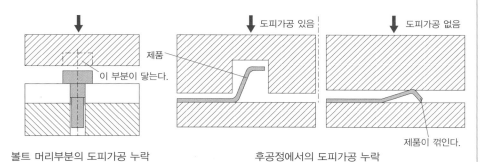

제품

이 부분이 닿는다.

도피가공 있음

도피가공 없음

제품이 꺾인다.

볼트 머리부분의 도피가공 누락

후공정에서의 도피가공 누락

65 시험가공

조립된 금형은 생산용 프레스에 장착해서 소재를 넣고 양산 프레스와 같은 조건으로 한다.

다음의 3가지 사항을 목적으로 한다.

① 생산한 부품의 품질 확인

부품의 형상, 치수, 외형, 강도 등을 확인해서 규격조건에 맞는지 확인한다. 생산에 결함이 없는지도 확인한다.

② 제품의 샘플을 만든다.

금형을 사용해서 만든 샘플은 상품 중에서 부품 또는 부분품이다. 이들 부품을 조립해서 상품의 테스트를 하기도 하고 발주처에 견본으로 보낸다. 부품의 형상 및 치수가 도면 규격 내에 있다는 것은 물론이지만, 상품으로서 종합적인 확인이 필요하다.

자동차의 경우 신차는 충돌시험과 함께 주행시험을 반복해서 안전성, 조작성, 내구성 등의 테스트를 하는 것과 같다. 결함이 있으면 설계변경을 해서 금형 및 제품을 다시 만든다.

③ 생산성의 확인

금형을 사용한 생산은 대량생산이 기본이고 대부분의 생산은 자동으로 한다. 이 때문에 계획한 가공속도로 생산하고 결함이 없음을 확인한다.

시험가공은 생산공장의 프레스로 하는 것이 이상적이지만 그것을 사용할 수 없는 경우 시험가공용 프레스에서 샘플 확인만 한다. 시험가공 후에는 여러 가지 결함을 수정하여 다시 시험가공을 한다. 수정한 것이 나쁘면 시험가공과 수정을 몇 번이라도 반복한다.

시험가공의 횟수를 어떻게 하면 적게 할 수 있을지는 금형제작 기술에 달려 있다.

금형에 문제가 없음을 보증한다

요점
BOX
• 샘플을 만든다.
• 제품의 품질확인
• 금형의 기능확인

154

샘플을 측정해서 검사표에 기입한다

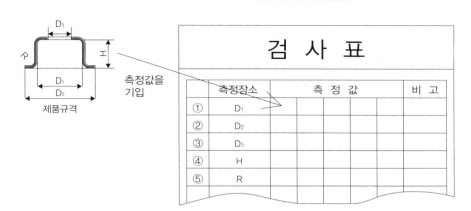

제품규격

측정값을
기입

검 사 표

	측정장소	측 정 값				비 고
①	D₁					
②	D₂					
③	D₃					
④	H					
⑤	R					

테스트용 샘플을 만든다

생산 중에 문제가 없을 것

66 금형의 검수(납품검사)와 납품

시험가공을 해서 제품과 금형에 문제가 없다고 생각되면 납품검사(검수)를 하고 납품한다. 납품검사는 금형을 수주할 때의 고객사에서 받은 발주사양서대로 정확하게 되어 있는지를 확인하는 작업이다.

납품검사는 다음과 같은 방법으로 한다.

① 제품의 샘플과 검사표, 금형의 체크리스트 등만으로 검사를 하지 않는다.

② 발주처가 금형공장에 와서 실제 시험가공으로 가공내용을 확인한다. 이 경우의 가공프레스는 시험가공용이고 실제로 생산하는 프레스의 가공과는 조건이 다른 경우도 있다.

③ 금형을 발주한 회사로 가지고 가서 실제의 프레스로 시험가공(생산)한다.

금형을 사용한 가공(생산)은 대부분이 자동가공(생산)이다. 재료의 투입, 가공, 제품취출 등 생산에 지장이 없다는 것이 중요하다. 이때 금형을 사용하는 측의 사람도 함께 참여해서 확인하는 경우도 많다. 금형을 만든 기업 내에서 금형을 사용하는 경우에도 절차는 같다.

납품검사를 합격하지 않으면 납품할 수 없고 금형제작비도 받을 수 없다. 이 때문에 지적된 결함을 몇 번이라도 수정해서 다시 시험가공을 한다.

멀리 떨어진 발주처나 특히 해외에서 금형을 납품하는 경우는 납품검사 업무가 특히 중요하다. 납품검사를 쉽게 마무리하기 위해서는 금형을 수주받을 때의 사양서 내용과 납품검사 조건을 명확히 하는 것도 중요하다.

납품검사가 완료된 금형은 재점검과 녹슬지 않도록 기름칠 등을 한다. 운송 중에 이상이 발생하지 않도록 신중하게 포장한다.

156

금형의 완성과 납품

요점 BOX
• 납품검사의 조건을 만족할 것
• 금형의 납품(출하)업무
• 금형제작의 완료

입회검사가 없는 경우의 납품검사 방법

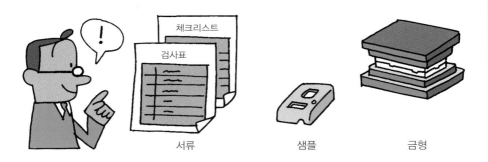

서류   샘플   금형

발주처가 입회하는 금형공장 내에서 시험가공

금형공장 내에서 한다.

용어해설

체크리스트: 확인할 때 누락이나 실수가 없도록 미리 작성한 일람표이고 항목(내용)마다 확인해서 체크한다.

금형은 만물상

동네 편의점은 상품 판매만이 아니라 택배 접수에서 발송 대행까지 무엇이든 받아준다.

금형제작 중에서 사상, 조립을 하는 사람은 금형제작의 「편의점」이다. 간단한 기계가공이나 수가공에서 설계나 기계가공의 실수처리, 제작된 금형의 상태가 나쁜 경우의 수리, 부서진 금형의 수리까지 무엇이든 받아서 해결한다. 또한 자기가 사용하는 전용의 공구도 만든다.

동네 편의점은 늘어나고 있지만, 금형 편의점의 일량은 감소하고 사람도 줄고 있다. 이것은 작업도구가 좋아져서 설계나 가공의 신뢰성이 향상되었기 때문이다.

가정에서 주부의 역할은 편의점이지만, 최근에는 장작으로 밥을 하거나, 바느질 할 수 있는 사람은 점점 적어지고 있다.

초등학교에서 칼로 연필을 깎지 못 하는 아이들이 늘고 있다고 한다.

새로운 기술이나 도구가 탄생하는 것으로 사람은 쓸모없어지고 할 수 없는 것이 점차 늘고 있다. 이것은 일반 생활에서도 금형의 사상작업에서도 마찬가지이다.

- 「금형편람」, 금형편람편집위원회편, 일간공업신문사, 1972년
- 「플라스틱 사출성형금형 설계매뉴얼」, 고마츠 미치오, 일간공업신문사, 1996년
- 「금형가공기술」, 요시다 히로미, 일간공업신문사, 1984년
- 「금형의 CAD/CAM」, 요시다 히로미, 일간공업신문사, 1983년
- 「잘 이해되는 금형이 될 때까지」, 요시다 히로미, 일간공업신문사, 2004년
- 「프레스금형 설계제작의 트러블대책」, 요시다 히로미, 일간공업신문사, 2004년
- 「금형설계 기준매뉴얼」, 요시다 히로미, 야마구찌 후미오 공저, 신기술개발센터, 1986년

색인

161

역자소개

원시태
학력
- 대전고등학교 졸업
- 경희대학교 공과대학 기계공학과 졸업(공학사)
- 고려대학교 대학원 기계공학과 졸업(공학박사)

경력
- 서울과학기술대학교 기계시스템디자인공학과(기계디자인금형전공) 교수 역임
- 미국 펜실베니아 주립대학교(Engineering Science Mechanics 학과) 방문 연구
- 서울과학기술대학교 산학협력단장, 공과대학장 역임

유종근
학력
- 서울과학기술대학교 금형설계학과 졸업(공학사)
- 일본 국립기후대학 대학원 탄소성학과 졸업(공학석사)

경력
- 현재 뉴테크 대표
- 일본 마루승스르가그룹(본사 설계과), 형일기술 설계실 근무
- 서울과학기술대학교 제품설계금형공학과 겸임교수 역임
- 유한대학교(산업일본어과), 경기과학기술대학교(금형디자인과) 강사 역임

알기 쉬운 금형

2018년 12월 18일 초판 1쇄 펴냄 | 2022년 2월 1일 초판 3쇄 펴냄
지은이 요시다히로미 | **옮긴이** 원시태 · 유종근
펴낸이 류원식 | **펴낸곳 교문사**

편집팀장 김경수 | **표지디자인** 유선영 | **본문편집** OPS design

주소 (10881) 경기도 파주시 문발로 116(문발동 536-2)
전화 031-955-6111~4 | **팩스** 031-955-0955
등록 1968. 10. 28. 제406-2006-000035호
홈페이지 www.gyomoon.com | **E-mail** genie@gyomoon.com
ISBN 978-89-363-1794-2 (93550)
값 14,500원